虚拟之光 · 气象之路

——气象虚拟节目技术、创作与实践

孟 京 刘亚玲 张亚非 李孟頔
庞君如 张 媛 崔 佳 刘 凯 著
刘 然 杜 丹 刘菲菲

气象出版社
China Meteorological Press

内容简介

本书是目前国内第一本全面介绍气象影视服务虚拟演播室应用技术的专业书籍。本书的目的希望为应用 VR/AR 技术的气象影视服务从业者提供基础入门知识或为节目的提升提供参考。全书分四个部分，第一章是介绍影视节目制作的 VR 和 AR 技术原理、技术发展以及系统结构；第二章是气象影视服务中应用虚拟技术的逼真效果分析，详细阐述如何从一档节目的创意、策划、设计到具体实现的内容、系统、人员、场景、流程、工艺，充分解读虚拟或虚实结合类的节目是艺术与技术的结合，创意与实现的重现，内容与表现力的融合；第三章展示气象服务的电视天气虚拟演播室或虚拟植入效果的节目应用案例，提供实战借鉴；第四章结合多年来从业经验以问答的方式，从场地环境、灯光设置、技术设备、节目创意、虚拟场景、定位跟踪、管理维护、故障处理等方面全流程全方位地给予了解答和提示，非常有实践意义。本书可以为应用 VR/AR 技术的气象影视服务从业者提供技术参考。

图书在版编目(CIP)数据

虚拟之光·气象之路：气象虚拟节目技术、创作与
实践/孟京等著．—北京：气象出版社，2019.6
　　ISBN 978-7-5029-6968-4

　　Ⅰ.①虚…　Ⅱ.①孟…　Ⅲ.①虚拟技术—应用—气象
服务　Ⅳ.①P451-39

中国版本图书馆 CIP 数据核字(2019)第 091197 号

Xuni Zhi Guang · Qixiang Zhi Lu——Qixiang Xuni Jiemu Jishu Chuangzuo Yu Shijian

虚拟之光·气象之路——气象虚拟节目技术、创作与实践

孟　京　刘亚玲　张亚非　李孟顿　庞君如　张　媛
崔　佳　刘　凯　刘　然　杜　丹　刘菲菲　　　　　著

出版发行：气象出版社
地　　址：北京市海淀区中关村南大街 46 号　　　邮政编码：100081
电　　话：010-68407112(总编室)　010-68408042(发行部)
网　　址：http://www.qxcbs.com　　　E-mail：qxcbs@cma.gov.cn
责任编辑：张锐锐　刘瑞婷　　　　　　　　终　　审：吴晓鹏
责任校对：王丽梅　　　　　　　　　　　　责任技编：赵相宁
封面设计：楠竹文化
印　　刷：北京建宏印刷有限公司
开　　本：710 mm×1000 mm　1/16　　　　印　　张：8
字　　数：140 千字
版　　次：2019 年 6 月第 1 版　　　　　　印　　次：2019 年 6 月第 1 次印刷
定　　价：49.00 元

序

　　《虚拟之光·气象之路》的出版，是虚拟演播室技术应用在我国气象影视服务中的成果集结。本书作者由节目策划、制作、场景设计人员组成，经过多年深入研究，撰写了这本既有理论又有实践的系统论述虚拟演播技术的专著，为我国气象影视服务史增添了新的篇章。

　　从1985年10月1日由气象部门制播电视天气预报节目以来，经过30多年的创新发展，制作技术已从模拟到高清、二维到虚拟，节目内容更加丰富多彩、形式更加生动活泼，为防灾减灾、应对气候变化、社会经济建设做出了重大贡献。

　　目前我国省、市级气象部门电视天气预报制作系统大多配置了虚拟演播系统，在日常和重大天气时能够加以运用，特别是在历届气象影视服务业务竞赛中进行了充分展示。

　　先进的制作系统需不断被开发运用，国家级技术人员更要有所担当，本书作者深刻认识到其重要性，能够及时加以总结提高，相信本书的出版一定会对各级制作部门的气象影视服务业务起到很好指导作用。

　　中国气象影视能够发展到今天的规模，服务面之宽、收视率之高是广大气象工作者、电视编导、制作人员、节目主持人共同努

力的结果。在媒体融合环境下,随着制作水平的不断提高,一定
会有更多各具特色,更有品牌价值和影响力的精彩节目呈现给广
大观众。

杨玉真*

2019 年 1 月

＊杨玉真:毕业于南京邮电学院广播电视专业。1985 年开始参与建立
国家级电视天气预报制作系统,帮助和指导进行电视天气预报业务系统的
建设。曾任华风气象影视信息集团总工,现任中国气象学会气象影视与传
媒委员会秘书长,是我国气象影视主要开创者和实践者之一。

前言

　　《虚拟之光·气象之路》，标题表达了应用虚拟技术实现气象影视节目完美创作的探索历程。本书旨在利用几年来团队通过技术研究和节目创作经验心得给大家阐述虚拟技术在电视气象节目与气象科普中的应用，为气象影视科技人员运用 VR/AR 技术提供入门知识，并为提升节目质量提供参考。

　　天气现象复杂多样，在天气预报节目或气象科普活动中，往往将复杂的天气现象制作成一个图片或三维示意动画的形式来进行科学普及。由于形式不直观很难达到很好的科普效果。虚拟技术特性能够很好地解决这个问题，通过三维物件虚拟植入到场景中，更真实地展现了天气本身，配合主持人的互动式讲解，公众能更直观地了解天气。在天气预报节目中，运用虚拟技术展示了台风、龙卷风、雷暴等灾害性天气的原理、影响和防御，在节目中尝试应用，播出效果很好，起到了良好的社会效应。

　　虚拟演播室系统的运用拓展了电视节目的空间。通过结合软件生成背景与实景道具，可以制作出实际不存在的或难以制作的场景，实现实景演播室无法实现的效果。由于其空间不受物理空间限制，摄像机可以无限制地旋转推拉摇移，使导演在很大程度上摆脱了时间、空间和道具制作方面的限制，获得了更大的创作想象空间，能够产生新奇的视觉效果。再者，由于场景的制作、修改、保存等都在计算机上进行，制作和更换电子布景快捷简便，节省了大量的人力、物力、财力，而且缩短了节目制作周期，提高了演播室的利用率等。另外，采用同步跟踪技术的虚拟演播室，可将摄像机的参数转变为电信号，通过计算机的运算，对虚拟场景的相应参数进行调整，实时生成与前景联动的背景信号，合成的前景和背景看上去是同步的，解决了透视关系失配而缺乏真实感问题。

　　本书列举了大量节目制作经验和实际应用案例，共分三个部分，第一部分介绍影视节目制作的虚拟现实(VR)和增强现实(AR)技术原理、技术发展以及系统结构;第二部分是气象影视服务中应用虚拟技术的逼真效果分析,详细阐述如何从一档节目的创意、策划、设计到具体实现的内容、系统、人员、场景、流程、工艺,充分解读虚拟或虚实结合类的节目是艺术与技术的结合,创意与实现的重现,内容与表现力的融合;第三部分展示气象电视天气虚拟演播室或虚拟植入效果的节目应用案例,提供实战借鉴。最后展望 VR/AR 技术气象影视服务的发展趋势。希望本书能为气象影视科技人员运用 VR/AR 技术提供入门知识,并为提升节目质量提供参考。

作　者

2019 年 1 月

目录

序

前言

第1章 技术原理篇

1.1 VR/AR 虚拟技术概述

1.1.1 虚拟 VR/AR 泛概念

1. 什么是虚拟现实（VR）

虚拟现实（virtual reality，简称 VR，又译作灵境、幻真）是近年来出现的高新技术，也称灵境技术或人工环境。VR 实现的是一种崭新的人机交互状态，是利用电脑模拟产生一个三维空间的虚拟世界，让使用者如同身临其境一般及时、没有限制地观察三度空间内的事物，为其提供视觉、听觉、触觉等直观而又真实的感知。

虚拟现实技术是仿真技术的一个重要方向，主要包括模拟环境、感知、自然技能和传感设备等方面。模拟环境是由计算机生成的、实时动态的三维立体逼真图像。感知是指理想的 VR 应该具有一切人所具有的感知。除计算机图形技术所生成的视觉感知外，还有听觉、触觉、力觉、运动等感知，甚至还包括嗅觉和味觉等，也称为多感知。自然技能是指人的头部转动、手势或其他人体行为动作，由计算机来处理同参与者的动作相适应的数据，同时对用户的输入做出实时响应，并分别反馈到用户的五官。传感设备是指三维交互设备。因此，未来的虚拟现实技术应让体验者在虚拟环境中体验到多感知性、接近真实的存在感、与虚拟物体的交互性和虚拟物体模拟现实世界运动规律的自主性。目前虚拟现实技术已经在试听娱乐、医学试验、军事航天、环境展示、工业仿真等领域开始探索性应用，随着技术的不断完善、进步，未来其必将拥有更加真实的使用体验及更加广阔的应用空间。

2. 什么是增强现实（AR）

增强现实（augmented reality，简称 AR）是让不存在的物象和现实世界的图像融合在一起，交互后的影像投射或投影到其他装置和介质上。AR 不仅展现了真实世界的信息,而且将虚拟的信息同时表达出来,虚与实相互补充、无缝叠加,提供了不同于日常感知、超越现实观感的体验。它是将真实世界信息和虚拟世界信息"无缝"集成的新技术,是把原本在现实世界的一定时间、空间范围内很难体验到的实体信息,通过电脑等科学技术,模拟仿真后再将虚拟物体与真实环境实时地叠加到了同一个画面或空间,使它们同时存在,并被人类感官所感知,从而达到超越现实的感官体验。此外,它还要实时调整虚拟图像以适应用户的头部及眼睛的转动,以便使图像始终在用户视角范围内。目前,AR系统仍然处于试验性测试应用阶段,在头戴式显示、空间定位、实时通信、数据处理等方面还在不断的进行研究与优化。

3. VR 和 AR 的怎么区分

虽然 VR、AR 的名称相近,但两者却大不相同。简单来说,虚拟现实(VR),看到的场景和人物全是假的,是把你的意识代入一个虚拟的世界。增强现实(AR),看到的场景和人物,一部分是真,一部分是假,是把虚拟的信息带入到现实世界中。

两者的核心技术大不相同。VR 看到的场景和人物是虚设的,把意识引入虚拟的世界,主要依托图形(graphics)等运算技术,通常都配有处理器、头盔显示器,另外还设有姿态跟踪设备(数据手套、数据衣和方位跟踪器)、听觉系统(语音定位、识别和合成)以及触觉、味觉和嗅觉反馈系统等功能单元。和我们接触最多的就是应用在游戏上,可以说是传统游戏娱乐设备的一个升级版,主要关注虚拟场景是否有良好的体验;而与真实场景是否相关,他们并不关心。VR 设备往往是浸入式的。

AR 场景则是现实和虚拟的结合,所以基本都需要摄像头,在摄像头拍摄的画面基础上,结合虚拟画面进行展示和互动。主要应用计算机视觉(computer vision)等信息与场景交互技术,功能包括物体识别、地理定位以及根据场景不同所需的即时推演等。AR 设备强调复原人类的视觉功能,比如自动去识别跟踪物体,而不是我手动去指出;自主跟踪并且对周围真实场景进行 3D 建模,而不是我打开 Maya 照着场景做一个极为相似的。AR 可分为以 Google Glass 为代表的"光影透视"(optical see-through)和安装了 AR 软件的手机、平板电脑(Pad)所展现的"视频叠加"(video overlay)两类。

1.1.2 电影虚拟，一场电影语言的革命

1. 电影新视觉盛宴的开启——虚拟影像技术的应用

20 世纪 70 年代后期，美国导演乔治卢卡斯拍摄制作的《星球大战》及其系列影片开启了电影虚拟时代的大门。电影再也不是单纯依靠摄像机拍摄出的真实影像和物质现实，它是通过数字技术、虚拟技术、合成技术，在前期的创作过程中将影片所需要的场景、视觉以及情节等元素虚拟，进而对虚拟的效果进行演练，从而在影片开拍和制作之前就能够获得的一种最佳叙事技能，以期达到最佳的视觉冲击效果。在拍摄过程中，需要的影视素材如果用真实的摄像机拍摄不出想要的效果或者物质现实的影像不能满足艺术需要时，可以借助虚拟影像技术达成。在电影作品的后期制作过程中，通过计算机将数字虚拟影像进行艺术化的加工，再把用真实摄影机拍摄的物质现实素材与虚拟出来的数字图像进行艺术化的人工合成，在计算机上根据艺术构思随心所欲地处理影片的影像，直至最后达到最佳的画面审美和视觉效果。

2. "完整电影的神话"：沉浸、在场、交互式观影体验——VR 电影

过去几十年以来，受技术的限制，电影只是对真实世界的镜像写实，银幕只能通过二维投影的方式呈现出来，而我们观众的视角只能被限定盯着几十米外的画面。电影技术的发展无不是为了满足人们对现实环境逼真体验和最佳的电影视觉效果的追求。随着虚拟技术的发展，把电影空间从二维银幕空间拓展为全景视野的立体空间，给予观众视听觉＋环境全域感＋嗅觉＋触觉＋味觉的沉浸式体验，虚拟场景影像与视角是随着观众头与眼的方向、角度的变换而变换的，并通过特殊的传感器来捕捉观众最自然的动作，通过数据的输入输出与虚拟世界进行交流。同时，观众可以观看四周 360°的景物；还可以在虚拟空间里进行有限度的移动，"探个身"过去看看身边物体的侧面、里面甚至背面；甚至可以参与叙事过程，操纵情节走向与剧情发展，得到个性化的观影体验。观众将真正置身于情境之中，这种沉浸效果是任何传统影片都无法望其项背的。

2015 年，Oculus 公司发布了其第一部 VR 电影《Lost》，影片讲述了机器手臂寻找自己身体的故事。该公司制作的另一部 VR 动画短片《Henry》获得了美

国艾美奖，短片采用中心叙事，以聚光灯式的引导方式始终将观众的兴趣点置于导演设计的主线上。此外，Oculus 公司在 2017 年初又推出了影片《Dear Angelica》。

电影业界也普遍认为，VR 电影将成为未来电影的终极发展方向。但对于当前 VR 电影的发展而言，其尚处于发展的起步时期。受制于 VR 技术不成熟、VR 电影制作难度大等现实因素，VR 电影整体的片源仍旧相对较少。但诸如微软、任天堂、索尼等科技巨头均已经制定并公布了自身进军 VR 技术界的远景规划。在可以预见的将来，VR 电影必将迎来较为辉煌的成长发育期。

1.1.3 应用在电视节目的虚拟技术

1. 什么是电视节目虚拟

电视节目虚拟是采用先进的 VR 或 AR 技术应用在电视节目中，将新技术与传统电视节目深度融合，能够让受众身临其境感受现场氛围。

2. 虚拟演播室技术

虚拟演播室是随着计算机虚拟技术的飞速发展和色键技术的不断改进而出现。电视台已从 20 世纪 90 年代引入虚拟演播室技术，随着电视技术、计算机技术的不断发展，虚拟演播室的制作质量及效果也在不断提升。例如，一些体育赛事的转播：广州第九届全运会、雅典奥运会、北京奥运会都使用了虚拟演播室。现在虚拟演播室在栏目中的运用也越来越多，新闻、气象播报、文艺、体育、专题、少儿等，利用虚拟演播室技术制作了大批优秀的电视节目。

3. 新闻节目虚拟现场模拟

在信息化快速发展的时代，新闻节目越来越技术化，通过虚拟技术进行新闻事件模拟，可以让读者深入新闻现场。以体验的视角理清事件发生的始末。可以让体验者亲身体验到突发事件、作案现场、事故现场、救援现场等。让观众更清晰地了解事件本身。在新闻传播中，新闻信息量最主要的部分就是由新闻画面和新闻文本组成的。无法还原画面，单独依靠文本来传达信息已显得单薄，这就需要利用计算机技术进行模拟，让观众能够了解已经发生过的事件状况，这样更能够清晰还原新闻的事实，尤其是一些在现实中无法展示或还原的场景，通过数字虚拟现实技术能够使不可复制的场景得到模拟。所以在新闻播报中，为了能够更好地保障新闻的可视性，新闻制作中就使用了数字虚拟现实技术，对难以还原或说明的新闻可以进行三维图像模拟。央视新闻频道《朝闻天下》报道美国黄石超级火山威力"比预计更大"时，模拟了超级火山爆发的画面，将地震波、岩浆活动进行模拟，观众在观看时可系统认知火山爆发的原因及影响范围。

1.1.4　虚拟演播室技术

1. 什么是虚拟演播室

虚拟演播室是把计算机生成的虚拟景象与电视摄像机拍摄的真实存在的道具和人物等画面进行数字化合成，以获得震撼的虚实结合的视觉效果。在虚拟演播室系统中，摄像机拍摄的画面通过计算机将信息传送给图形工作站，计算机依此得到前景物体与摄像机之间的距离和相对位置，从而计算出虚拟场景最适宜的大小、位置，并按要求计算生成虚拟场景的三维模型。在现场将主持人或演员置身于蓝色背景幕布前表演，然后利用切换台上的色键功能将其从蓝色背景中分离出来，实时地与计算机生成的数字背景合在一起，构成一个现实中不存在的，但是在电视画面上却又起到实景演播室的"假"实景。

2. 虚拟演播室的特点

拓展了电视节目的空间：虚拟演播室系统运用软件生成背景和道具，它可制作出实际不存在的或难以制作的场景，并可以在瞬间改变场景，可以制作出实景演播室无法实现的效果，其空间不受物理空间限制，摄像机可以 360°旋转；还可以引入大量虚拟特殊环境与道具。因此，可创作出更丰富、更吸引人的节目，使导演在很大程度上摆脱了时间、空间和道具制作方面的限制，获得更大的创作想象空间，产生新奇的视觉效果。

解决了传统抠像的失真问题：运用传统色键技术抠像时，摄像机做任何运动，背景都没有变化，前后景之间缺乏联动关系，看上去前景就像漂浮在背景上一样，造成透视关系失配而缺乏真实感。然而采用同步跟踪技术的虚拟演播室，可将摄像机的参数转变为电信号，通过计算机的运算，对虚拟场景的相应参数进行调整，实时生成与前景联动的背景信号，合成的前景和背景看上去是同步的。

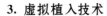

3. 虚拟植入技术

虚拟植入技术可以说是虚拟现实技术在电视广播领域的名称。虚拟植入技术是在虚拟演播室技术基础上的进一步应用。虚拟演播室技术是利用虚拟现实技术搭建不同的虚拟演播室背景,虚拟影像出现在人物之后,具有高实时性和低成本的特点,因此被广泛应用于节目制作中。而虚拟植入技术作为虚拟演播室的进一步应用,真实人物出现在虚拟目标的前面,形成交互的假象,使节目内容更加生动有趣,同时也使观众有一种身临其境的感觉,具有很强的代入感,在各类节目中比虚拟演播技术更受青睐。虚拟植入技术主要有跟踪技术和渲染引擎技术,跟踪真实摄像机的一系列运动变化,并由渲染引擎机生成一种模拟的、多源信息融合的、交互式的三维动态的虚拟视景。能够将虚拟场景与真实摄像机的变化一一对应起来,形成良好的透视关系,叠加到前景上虚实结合,呈现完整、无缝的合成画面效果。

1.2 典型虚拟演播室系统

1.2.1 总体结构

虚拟演播室系统按结构分为共用式结构和独立式结构。共用式结构(图1.1)采用多机位共用图形渲染设备,摄像机拍摄的前景信号经视频信号处理单元 VDI 嵌入信号识别信息,然后经切换台辅助母线选切后进入虚拟背景生成系统,虚拟背景生成系统根据识别信息调用相对应机位的跟踪数据,同时完成场景渲染,然后将遮罩、前景、背景信号送入色键器合成,合成信号经切换台输出。跟踪数据的处理会产生 2 帧延时,为了保证前景信号与虚拟场景同步,虚拟背景生成系统同时对前景信号进行 2 帧延时处理。由于共用背景生成及色键合成设备,共用式结构只有一路合成信号进入切换台,导致切换导演在进行机位选切时无法预览,摄像在构图调整时也存在一定盲目性。同时,视频延时发生在机位选切之后,容易使切换导演产生停顿的错觉。

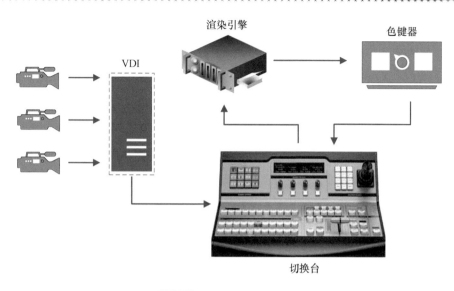

图 1.1　共用式结构示意图

独立式结构(图 1.2)为一对一的通道化结构方式,每台摄像机对应一套虚拟背景生成设备,经过渲染生成的信号可以和其他通道生成的信号在切换台完成特技切换,而且切换导演可以在画面切出前预览画面,避免切换的盲目性,提高节目质量。

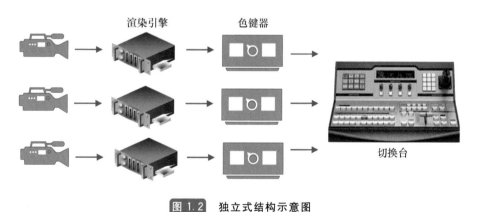

图 1.2　独立式结构示意图

1.2.2　跟踪定位系统

在虚拟演播室中,如何正确判断摄像机、前景画面及虚拟背景之间的相对位置关系,是实现前、背景图像完全同步联动的关键所在。因此,就需要有 1 个

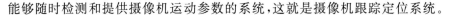

能够随时检测和提供摄像机运动参数的系统,这就是摄像机跟踪定位系统。

摄像机的运动参数包括镜头运动参数(变焦、聚焦)、机头运动参数(摇移、俯仰、翻滚)以及摄像机光学系统的物理空间位置参数(地面位置 X、Y 和高度 Z)等。在节目制作前,首先要在演播室空间建立坐标系,将某个位置作为坐标原点,然后计算摄像机在演播室的空间位置参数,这个过程叫作定位。在节目制作过程中,摄像机运动导致的各项参数变化会引起画面视野和视角的变化,为了保证虚拟场景能够与镜头同步变化,我们需要掌握摄像机参数的变化,这个过程叫作跟踪。

1.2.3　虚拟背景生成系统

计算机虚拟背景生成系统主要应用于虚拟场景制作技术及虚拟背景生成技术。虚拟演播室的背景图像即虚拟场景。虚拟场景可分为二维虚拟场景和三维虚拟场景,所谓二维虚拟场景是指景物没有深度,只提供一个平面背景,而在三维虚拟场景中景物是立体的,具有 Z 方向的深度(在计算机虚拟场景制作系统中,空间位置关系与摄像机跟踪系统不同。在跟踪系统中,用 Y 值代表深度,Z 值表示高度)。人物可在前景与后景之间穿插、运动,从而增强了视觉效果的纵深感和真实感。

三维虚拟场景的制作可分为几个步骤。首先,要对虚拟场景中出现的所有物体按自然尺寸比例建成三维模型,然后在模型上添加材质,描绘纹理。然后,将模型在虚拟场景中定位,制作灯光效果以及阴影。最后,制作在实际拍摄过程中虚拟场景出现的事件序列和动画效果。目前用于虚拟场景制作的主要软件有 Softimage,Alias/Wavefront,Maya,3Dmax 等,它们一般都具有建模、描绘和特技等功能。

虚拟背景生成是指在摄像机运动参数控制下,背景生成系统对预先制作好的虚拟场景信号进行处理,实时生成与前景有正确透视关系的背景图像。这就意味着背景生成系统必须要以 25 帧/秒的速度实时处理数据流。如果生成三维虚拟场景,其计算量是非常大的。在不降低图形照明度、阴影、纹理和建模结构的前提下,提高图形工作站图形刷新速率成为实时生成虚拟背景的关键。

1.2.4　色键合成系统

在虚拟演播室中，摄像机拍摄的前景画面与计算机虚拟背景生成系统渲染的背景画面合成是通过键控技术来完成的。色度键一般简称色键，它是直接利用键源三基色信号或利用键源视频信号中的色度分量产生键信号的键控方式。色键的键源信号通常为键控特技中的前景信号，一般是在高饱和度的背景幕布（蓝色幕布或绿色幕布）前拍摄出来的人（或物）。色度键工作原理如图 1.3 所示。

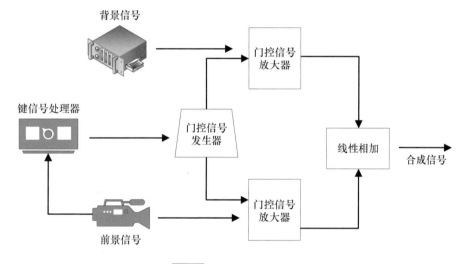

图 1.3　色度键工作原理

从图 1.3 中可以看到，实现色度键控特技的关键是色度门控电压形成电路。它应是一个色调选择器，能从视频信号中选出具有一定饱和度的某一色调的信号，并相应地形成门控电压。简单地讲，门控电压形成电路的核心就是一个比较器，当背景幕布颜色确定后，相应确定一个 α 值，当键源信号（即键控特技中的前景信号）输入到门控电压形成电路的 β 值等于 α 值时（即输入信号的颜色与背景幕布颜色一致时），有门控电压输出，当 β 值不等于 α 值时（即输入信号的颜色与背景幕布颜色不一致时），无门控电压输出，门控电压形成电路就是根据此原理实现色调选择功能。

色键要求键源视频信号有较大的色度差，即要求键源信号中的前景信号（主持人、道具等）与高饱和度的背景幕布有较大的反差，这样在通过门控电压形成电路时才能很好地区分背景幕布颜色和前景颜色，实现很好的色键效果。

　　绿箱作为虚拟演播室前景画面中的一部分,在色键合成中需要被抠掉,以虚拟背景替代。要达到好的色键合成效果,展现在镜头前的绿箱不再是"箱",而是一个平滑的"面"。绿箱设计的大小要适应虚拟场景的需求,也要满足摄像机运动拍摄的需求,还要保证主持人有足够的活动范围,没有具体的物理尺寸规范。制作绿箱的材质主要有幕布、木制品、玻璃钢。采用幕布比较经济,但是,如何让大面积的幕布抻平,没有褶皱,是一件困难的事情,而且,幕布不耐脏,清洗较困难。采用木制品也存在容易变形、拐角处不好处理、阻燃效果差等问题。玻璃钢坚固、耐用、阻燃、易于清洁,但造价较高。绿箱的制作还要注意一点,立面与地面相交处不要做成直角,大于 90 度,或处理成圆弧状,圆滑的角落可以帮助减少灯光的明暗差异。

　　对于虚拟演播室而言,灯光是最困难也是最重要的问题之一。除了要保证所摄部分的绿箱处于均匀照明,便于色键"抠像"外,还要注意以下一些问题:首先,要合理调配灯光,使前景与虚拟背景的照明亮度及方向相匹配。其次,是影子问题,演员及真实道具在绿箱中投下的影子要随演员及道具一起进入虚拟空间,影子的方向也要和虚拟场景中的光源方向一致。另外,还应考虑地面辅助光问题。如果没有来自地面的光源,只靠绿色背景对灯光的反射来照亮前景物体的下方部分,将会影响抠像的质量。

1.3　摄像机跟踪定位技术的前世今生

1.3.1　机械传感技术

　　机械传感技术是通过在摄像机镜头及云台安装传感器来获取摄像机运动数据,从而实现摄像机跟踪定位。镜头传感器是通过托架与镜头上的变焦环、聚焦环齿轮紧密咬合,当变焦环和聚焦环位置发生变化时,传感器就能检测出其变化,并将数据编码输出,获取镜头运动参数。摄像机的机头运动参数可通过安装在云台上的机头运动参数传感器来测量。它能测出摄像机上下左右摆动的细微角度变化,并将其编码输出。摄像机的空间位置参数也可以通过安装在云台或摇臂的传感器测量。

机械传感技术的定位过程相对复杂,需要在演播室墙面和地面设置多个参考点,其中一个作为坐标原点。将摄像机分别对准每个参考点,摄像机焦距调到最大,参考点在画面居中,此时系统通过传感器记录下摄像机镜头参数、机头参数,并根据参考点相对位置关系计算出摄像机位置。传感定位不仅过程复杂,而且摄像师聚焦不实、焦距没有推到最大、参考点位置偏移、传感器精度等问题都会影响定位效果。传感技术的跟踪过程相对顺畅,可通过定位获得的数据作为参照,与传感器获取的数据进行比较计算出连续的运动参数。

机械传感技术支持摄像机进行 360°拍摄,包括特写镜头的拍摄。

1.3.2　网格识别技术

网格识别技术是通过对摄像机拍摄的网格图像的形态来完成摄像机的定位和跟踪。将与色键颜色相同、明暗存在差异的线条分隔出大小不同的网格贴在墙上,假设网格尺寸为 3 米×4 米,设置网格中的某个点为坐标原点,我们就可以得知网格中其他点的位置参数(图 1.4)。摄像机从初始位置保持一定焦距并且完成聚焦拍摄网格画面,将产生一定的透视关系,依据摄像机镜头特性参数,测算出摄像机位置参数,完成定位操作。在节目制作过程中,摄像机的推拉摇移将使网格产生不同的透视关系,系统通过连续计算可以获得连续的运动参数,完成跟踪操作。网格识别技术的优点:定位操作简便,支持各种型号的摄像机、镜头,支持摄像机做变焦、平摇、俯仰,甚至翻滚动作。但是,为了获得合适的透视关系,网格识别要求拍摄画面中有足够的网格信息(不少于画面 15%),摄像机不能垂直或平行拍摄网格画面,必须与网格画面保持合适的角度(图1.5)。所以,摄像机在做平摇、俯仰动作时,幅度受到限制,在变焦时,也不能完成特写镜头。

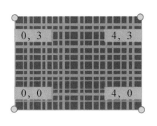

图 1.4　网格示意图

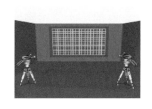

图 1.5　机位示意图

1.3.3 红外识别技术

红外识别技术是在摄像机上安装红外发射器,通过安装在演播室顶部的红外摄像机接收红外发射器的信号,来计算摄像机的位置参数。红外识别技术的定位与传感技术相似,都是通过在演播室设置参考点,确立坐标系,进而确定摄像机的位置。但是,红外识别技术不能解决摄像机镜头参数的测量,因此,无法单独应用,通常配合网格或传感技术使用。需要注意的是,每一种跟踪技术在进行数据处理的时候都需要花费 2~3 帧的时间,给视频信号带来延时,通常需要对音频信号进行等时的延时处理保证声画对位。

1.3.4 图像识别方式

1. 技术原理

图像识别方式是有别于传统定位跟踪技术的另一种全新方法,它根据光学感应,基于视差原理,利用跟踪摄像机获取黑白图像,通过计算拍摄图像和跟踪摄像机图像对应点间的位置偏差,计算出这个点在相机坐标系下的三维坐标。当跟踪辅助测量摄像机和主摄像机同时拍摄同一个测试图时,通过分析比对它们得到的图像,系统能够精确算出跟踪摄像机是如何装在主摄像机上运动的,从而得到主摄像机的位置,把跟踪数据实时传给渲染服务器完成合成工作。

图像识别跟踪定位系统(图 1.6)组件简单,一般由跟踪辅助测量摄像机、连接器、镜头编码器、接线盒和服务器五部分组成。跟踪辅助测量摄像机根据不同厂家配置,一般为一个或两个广角黑白摄像机。视场角大约为 140°,这样可以看到尽可能多的现场环境用以跟踪。每个摄像机都有一个可调的光圈,使摄像机可以用于各种不同的照明状态。连接器起到跟踪摄像机和拍摄用摄像机的连接作用。有的厂家使用脚架托板进行连接,有的厂家是在拍摄摄像机的上端连接跟踪摄像机。镜头编码器采用 20 芯接头连接镜头的"Virtual/Remote"端口。不同的镜头编码器可分别对应富士和佳能全伺服镜头。接线盒的作用是把从跟踪摄像机出来的 20 芯的数据连接转成一个标准的 RJ45 以太网连接,以确保接口线缆的通用性。目前,有的厂家已经将镜头编码器和接线盒集成为一个设备使用。服务器安装了图像识别跟踪系统的调试软件,以便精细化操作。

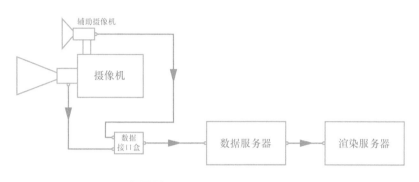

图 1.6 **图像识别定位跟踪系统**

跟踪辅助测量摄像机和主摄像机之间的位置关系必须保持严格绑定状态，两个摄像机之间不能有相对的位置移动。在进行虚拟场景拍摄时，主摄像机的移动数据是通过跟踪辅助测量摄像机的移动数据推演计算得出的。两个摄像机之间根据相对位置、相对角度的不同会通过不同的行列点推演计算数据，如果两个摄像机的相对位置或相对角度发生变化则需要重新计算新的行列对应关系。

2. 图像识别传感器工作流程

首先需要对主摄像机镜头进行参数校准，并在数据服务器中配置网络和相关数据流参数以及创建工程文档。第二，在数据服务器定位跟踪软件内设定好跟踪辅助测量摄像机和主摄像机参数，初始化定位跟踪数据，创建原点，然后开始用跟踪辅助测量摄像机捕捉演播室拍摄空间内的计算点。第三，完成跟踪辅助测量摄像机和主摄像机行列计算点的同步校正。

3. 工作优势和不足

图像识别方式可以使摄像机不再受承托设备的限制进行虚拟场景拍摄，比如摄像机可以安装在任意摇臂、云台、脚架、平衡器甚至手持完成虚拟演播室的跟踪拍摄任务。但它也是有局限性的，要求演播室环境中的景物、灯具位置要相对固定，灯光的照度也不能有太大的变化。演播室拍摄范围内的景物移动、灯光变化都可能影响跟踪定位数据的准确度。

1.3.5 超声波方式

1. 技术原理

该定位技术是运用超声波信号进行多点发射与接收。超声波定位是利用了陀螺仪实施定位,并采取模糊辨别处理,找到摄像机的具体方位。这类定位技术的优点是摄像机行动起来较为便捷,不会受到各种因素的限制,且在定位范围内能够获得较高的精度,误差仅在 1 毫米内。该技术所需的运算量小,延迟不高。超声波定位跟踪系统示意图如图 1.7 所示,在演播室灯光支架上安装超声波发射器,在摄像机机身上方安装超声波接收器和聚焦/变焦的机械传感器。两路数据共同进入到数据处理器中进行数据处理,然后通过 RS232 数据线进入到计算机主机。超声波跟踪方式的优势主要在于其不受演播室灯光干扰,信号传输时可以绕过遮挡物。而且,运算量较小,视音频延时较小。

超声波传感器:人们能听到声音是由于物体振动产生的,它的频率在 20 赫兹~2 万赫兹范围内,超过 2 万赫兹称为超声波,低于 20 赫兹的称为次声波。超声波是由换能晶片在电压的激励下发生振动产生的,是一种在弹性介质中的机械振荡,有两种形式:横向振荡(横波)及纵向振荡(纵波)。在实际应用中,根据不同的需要来决定采用横波或纵波。

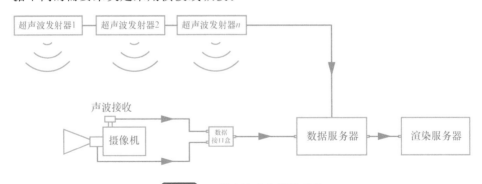

图 1.7　**超声波定位跟踪系统**

单体超声波发射器的发射范围是有限的。我们在演播室的天棚水平面上,根据发射范围进行网格状平铺方式设置超声波发射点。虚拟演播室会在天棚平面设置光学的二维码标记点图标,而使用超声波发射器在二维码标记点一侧放置即可。同时在摄像机上放置接收信号设备,这样就与光学传感器方式并列工作了。

超声波具有频率高、波长短、绕射现象小,特别是方向性好,能够成为射线而定向传播等特点,同时对液体、固体的穿透本领很大,尤其是在阳光下不透明的固体中,它可穿透几十米的深度,从而使得演播室内灯光等摄影器材的遮挡构不成障碍,能够很好发挥超声波的特性,精确捕捉摄影机在空间位置运动的信息。

2. 超声波传感器的组成部分和工作流程

超声波传感器主要由以下四个部分构成：发送器、接收器、控制单元和电源部分。工作原理——首先通过陶瓷材质的发送器振子（直径为 15 毫米）振动产生超声波并向空中辐射。接收器振子接收到超声波时，会产生相应的机械振动，并转换为电能量进行输出。发送器发射的震动波段、接收器是否收到信号及信号的大小判断，是通过控制单元的集成电路来实现的。电源部分是使用外部直流电源供给，经内部稳压电路供给传感器工作（通常采用电压为 DC 12 伏或 24 伏）。

3. 工作优势和不足

采用超声波跟踪技术有以下优点：①摄像机运动自由，不受任何限制；②不仅可支持专业摄像机，还可使用手持式摄像机；③摄像机可以在轨道车上进行运动。采用超声波跟踪技术主要有以下缺点：①演播室摄像机需要安装附加装置；②传感设备对题词器等其他设备的安装可能有影响。

1.4　复杂的虚拟场景的图像渲染

虚拟场景的实时图像处理是虚拟演播室核心。主要包含：建模（modeling）、渲染（rendering）、动画（animation）和人机交互。模型是用严格定义的语言或者数据结构对于三维物体的描述，它包括几何、视点、纹理以及照明信息。对于场景中的物体，要得到它的真实感图像，就要对它进行透视投影，并作隐藏面的消隐，然后计算可见面的光照明暗效果，得到场景的真实感图像显示。因此，渲染是软件从模型生成图像的过程。仅仅对场景进行隐藏面消除所得到的图像真实感是远远不够的，如何处理物体表面的光照明暗效果，通过使用不同的色彩灰度，来增加图形图像的真实感，这也是场景图像真实感的主要来源。对场景元素的渲染，能够逼真地描绘出物体的凹凸贴图、片段光照、纹理材质、高光反射等细腻真实的效果，系统出色的质感、光感、动感和实时渲染能力为节目制作质量的提升奠定了良好的技术基础。通过精密的反走样和多种纹理处理渲染算法可以实现对视频高清晰、高画质的渲染效果。实时生成全新的 2D-3D 高效图形，可将复杂的 2D-3D 图形场景实时处理成标清（SD）和高清（HD）

等视频格式。实时渲染即所有我们眼中看到的是图像芯片"即时"生成的。渲染引擎是图形图像处理的核心和基础,充分利用了 GPU 在浮点运算、并行运算、高效纹理处理、向量运算方面的能力,实现绚丽的图文效果,为三维图形、图像处理提供强劲的实时渲染动力;充分发挥高端图形加速卡 GPU 可编程渲染管线特性,渲染能力得到质的提升和飞跃,为设计师提供了令人难以置信的创意自由度与超现实的渲染质量的结合。即使是最复杂的图形元素,从雨滴、火焰,到阴影、镜头耀斑和动态亮点,现在可以快速、轻松地创造出前所未有的现实效果。

目前最先进的虚拟演播室采用先进的视频游戏引擎,具有令人惊讶的逼真效果。渲染器的先进性客观指标是计算机图形中面的渲染速度。最前沿的虚幻游戏引擎作为渲染引擎,可以达到 3600 万面/秒渲染能力,照片级图像质量,完全可以替代实景拍摄。通过最先进的图形功能(如粒子系统、动态纹理、实时反射和阴影,甚至碰撞检测等),提供出众的高现实感。背景渲染器与传统图文包装系统协同作业,渲染所有的前景元素,实现照片般的背景、无与伦比的创意自由和数据的连接,以及视觉逻辑编程对大多数主要工作流程的完全支持。图形渲染平台为用户提供了新的现实感和灵活性。最新最先进的渲染功能包括粒子系统、碰撞检测、动画模型、动态纹理。如阴影和反射、图文包装系统可以用作虚幻引擎输出的叠加层,跟踪数据到图文包装系统,渲染背景元素,图文包装系统渲染前景元素,启用数据连接还可以在场景中提供纹理。

高清实时渲染系统配备 GPU 粒子构建模块功能。可以实现实时对虚拟环境中的各组件进行位移调整,仿真光照模型模块,支持物理光源模拟环境。配备多格式特性材质模块,包含多格式视频贴图、带通道视频文件贴图及 HDR 静态图片贴图。甚至支持高清实时渲染系统支持全 8K 无压缩材质/场景实时渲染。带动广电虚拟行业的进一步升级,各个环节均被带动;例如制作端由原来的 3D Max/ Maya 升级到 Unreal Engine 创作工具,呈现画面达到照片级质量;播出端也可支持高清、4K 到 16K 的分辨率和清晰度,改变了现有的电视级电视剧制作模式;用户终端也可以带动更多产品以及收视设备,如头戴式的三维眼镜、手机、Pad 等作为高分辨率的收视环节,增加更有趣的用户体验。

1.5　虚拟演播室"不挑剔"的灯光

《圣经·创世纪》第一章就说到："上帝说,要有光,于是就有了光。上帝看光是好的,就把光暗分开了。"一句话,就说明了光的重要性,也表明了光的作用——分出了明暗。对于演播室电视节目制作,还要在"光"前再加上一个字——"灯光"。灯光是电视造型的重要手段,无论是实景演播室还是虚拟演播室都不能缺少灯光。

1.5.1　关于光

电视灯光中,先要确定几个关于光的定义。光的光通量、发光强度、照度、亮度、反射光、散射光、漫反射。

光通量:光源在单位时间内向空间发射出的能使人产生光感的辐射能量通量,单位为流明(lm)。

发光强度:光源在单位球面度内所发出的光通量,单位为坎得拉(cd)。

照度:单位被照面上所得的光通量,单位为勒克斯(lx)。

亮度:在给定方向上的发光强度与发光面积在此方向上的投影面积之比,单位为尼特(nt)。

反射光:经过反射后照射到被照目标上或反射在视觉感官的光线。

散射光:经过漫反射产生的光线。

漫反射:当一束平行的入射光线射到粗糙的表面时,表面会把光线向着四面八方反射,所以入射线虽然互相平行,由于各点的法线方向不一致,造成反射光线向不同的方向无规则地反射,这种反射被称之为"漫反射"或"漫射"。

测光量单位关系如图 1.8 所示。

1. 关于光的性质

从光的性质上分为硬光和柔光。

硬光为光线方向性强、照射范围容易受到严格控制的光线。特性为:光照强烈,聚集性好,阴影有边缘。

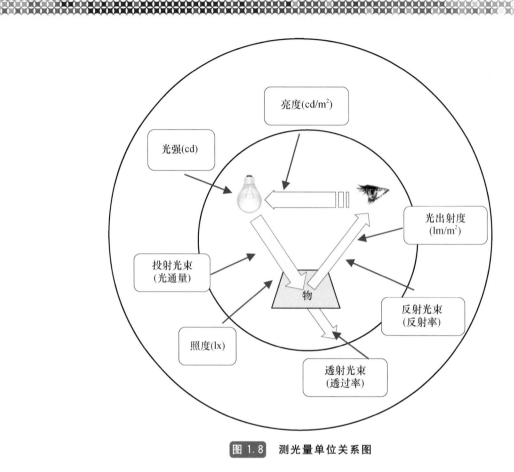

图 1.8　测光量单位关系图

柔光为照明范围宽广,光照强度均匀。特性为照明主要的部位向远处逐渐变暗。

2. 关于光的类型

光的类型分为主光、辅助光、逆光(轮廓光)、背景光。

主光是布光造型中的主要光源,它规定了照明的方向和光源的创意,并决定面部阴影的位置。

辅助光是对主光的辅助和补充。在布光造型过程中为了改善暗部阴影中的层次和质感,起着调节光比,平衡图像亮面与暗面的关系,照度次于主光。

逆光(轮廓光)位于拍摄人物或景物的后方照亮人物或景物轮廓的光,起到强化体积感和空间感、勾画轮廓的造型装饰作用,照度可强于主光,也可低于主光而强于辅助光。

背景光又称为"环境光",背景光主要是照明被摄对象周围环境及背景的光线,用它可调整人物周围的环境及背景影调,加强各种节目及场景内的气氛。

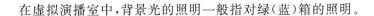

在虚拟演播室中,背景光的照明一般指对绿(蓝)箱的照明。

1.5.2　关于灯

1. 灯具的发展

使用一定物理手段,对光源发出的光进行有目的调整,以得到电视节目录制的照明环境和对景物实现灯光艺术造型的器具,称为电视灯光。电视灯具是从舞台戏剧灯具及电影灯具发展而来,随着电视事业的飞速发展,针对电视演播室制作的照明灯具也经历了多次的更新换代。当然,光效的提高是每一次光源革新升级的主要目的。

第一代电光源:白炽灯(卤钨灯);

第二代电光源:荧光灯(三基色灯、日光灯、节能灯);

第三代电光源:高强度气体放电灯(HID);

第四代电光源:半导体发光二极管(LED)。

LED 灯具从 20 世纪 60 年代出现,到现在研究应用了近六十年,已经是各电视机构演播室照明的主要设备,它具有节能、寿命长、发光效率高、安全、光色纯正颜色丰富、环保无公害、响应速度快、冷光源、驱动控制灵活多变等优点。

2. 灯具的分类

一般按国际照明委员会(CIE)推荐的根据光通量分配比例分类,即按灯具的散光方式,分为五大类:直接型、半直接型、全漫射型、半间接型和间接型。但按照我们的习惯,通常分为三大类:聚光类、泛光类(散光灯、平光灯、柔光灯)、效果类。

聚光类灯具:采用点状光源,投光范围较窄,光的方向性很强,能调节投光范围和光线强度。

泛光类灯具:光线的指向范围广泛、光斑柔和均匀。

效果类灯具:用来渲染电视舞台气氛、塑造舞台灯光效果、产生多种特殊效果的灯具。

1.5.3　灯光设计

灯光设计师在了解灯光的基本知识、掌握灯光设备使用技巧的前提下,通过对节目形式和内容的理解,运用灯光手段,描写人物情节和场景空间,恰当地表现光影视觉效果,塑造特定的剧情环境画面,制作出高质量的电视画面。

光源所在位置与角度,光的水平位置与垂直角度是灯光设计造型的直接因素。布光方面对人物,以鼻子中央水平位置为支点,确定了不同水平位置和角度。

1. 水平位置与角度的光源

如图 1.9 所示:

正面光(顺光),位于水平位置 0°～10°;

前侧光,位于水平位置 20°～30°;

中侧光(交叉光),位于水平位置 40°～50°;

侧光,位于水平位置 60°～90°;

侧逆光,位于水平位置 110°～120°;

轮廓光,位于水平位置 135°～160°;

逆光,位于水平位置 170°～190°。

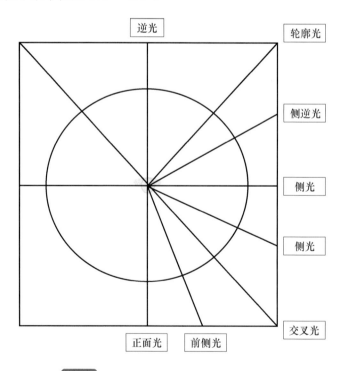

图 1.9 光源的水平位置与角度平面示意图

2. 不同高度与垂直角度的光源

如图 1.10 所示：

低位光，位于水平位置以下 35°～45°；

水平位光，位于水平位置以下 0°；

中低位光，位于水平位置以下 20°～30°；

中位光，位于水平位置以下 40°～45°；

中高位光，位于水平位置以下 60°；

高位光，位于水平位置以下 70°；

顶光，位于水平位置以下 35°～45°。

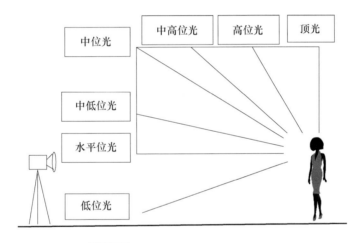

图 1.10　**灯位垂直高度与角度示意图**

3. 人物布光

灯光效果的目标之一就是在电视图像的二维空间中创造性地提供物体的形状和影像深度，所谓的"生活空间"即三维空间。

三点布光法是一种经典的、最基本的布光方法，用主光、辅助光、逆光对被摄者进行布光，依据的原理来自于大自然中的阳光对物体的照射（图 1.11）。

1.5.4　**虚拟演播室布光**

前文用了很多篇幅介绍了什么是光、光的作用、电视演播室制作需要的灯光种类、发展和最基础的布光原则，所有这些介绍都是为了讲述灯光如何与其

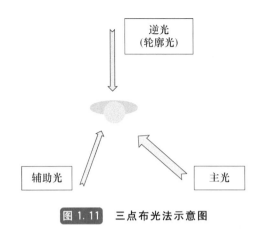

图 1.11 三点布光法示意图

他技术一起构建一个"真实"的虚拟环境。

通过之前的叙述,我们已经了解了什么是虚拟制作,而灯光在虚拟环境的作用是帮助摄像机真实、准确还原摄像机输出信号的图像色彩,更重要的是为抠像系统带来一个可以干净去除背景的光照环境,以达到前景与虚拟场景的完美合成。

1. 首先确定演播室的总体照度

彩色摄像机的灵敏度是决定照度的关键因素。原则上,确定演播室照度要考虑:①确定被摄对象的平均反射率及反射率的变化范围;②确定演播室的常用光圈开度,因为光圈开度决定景深的大小;③确定常用光圈开度的照度值。这三点是确定实景演播室在平均照度上的一些要点,根据虚拟环境制作的特点,节目最后合成的画面中,背景是虚拟的,所有的空间透视、光照效果、景物层次都已经是场景设计师设计、搭建好的,在没有其他实景道具时,只有摄像机拍摄的人物信号和虚拟场景信号两层"画面",不需要通过控制摄像机景深来区分画面的层次,突出主体。所以我们只考虑在摄像机的光圈开度的一个通用定量下,确定一个演播室的基础照度。电视技术发展到高清 CCD 摄像机,其灵敏度大大提高,现在世界通用的摄像机光圈开度为 f4.0,在这个光圈值下,高清虚拟演播室基础照度控制在 1500 lx 以内。根据 2015 年《虚拟环境下多机位访谈节目实景区域与绿箱背景布光研究》的项目研究成果的第二项"通过实际的效果分析及数值测量取得了满足抠像质量的绿箱背景最低照度值以及确定了访谈节目各人物所在区域的主副光光比。从而为保证虚拟演播室节目的抠像质量、合成效果、人物光效及录制效率提供了数据支撑"。将绿箱反射的绿色光影响降到最低,把虚拟演播室的总体照度控制在了 1200 lx,也完全满足摄像机对场景的还原需求。

2. 虚拟场景布光特点

(1)区域布光

根据虚拟演播室节目制作特点,人物会在场景中动起来,摄像机镜头也会随着人物在场景中的移动而移动,所以需要对场景进行区域性布光。

(2)立体布光

由于虚拟演播室一般采用消除绿(蓝)色方式,要消除绿(蓝)色对前景人物的影响,就必须要用立体布光的方式,还特别要注意人物与背景的处理关系。

(3)布光顺序

一般采用先前景人物、后绿(蓝)箱的布光顺序。采用柔光灯照射前景,由于其发光面积大,对前景人物布好光后,在绿(蓝)箱背景上也会产生一定的余光照明,在前景照明符合要求后,再对绿(蓝)箱进行适当补光以满足技术消色的要求,绿(蓝)箱的布光唯一的要求就是"匀"。

前景人物布光要避免出现较重的投影而影响抠像。无特殊要求,也不主张出现明显的主光源,因为实际的主光源可能与虚拟场景内设计的主光源不一致从而出现投影环境上的逻辑错误。前景布光还要注意人物在地面产生的影子,尽量减弱到最低,便于抠像时,画面中的虚拟地面处理得较为干净,与虚拟场景中的环境相适应。可以采取顶部大面积柔光照明和地板外沿增加地排灯具以削弱地面阴影。传统的布光原则是逆光强于主光,凸显人物轮廓,以增强空间立体感;而虚拟环境下,已经通过虚拟场景设计分出了层次,逆光太强,会在地面上照射出亮斑,影响抠像效果,所以必须注意逆光的合理光比。在虚拟演播室环境下,还要注意侧光的使用。侧光的作用也是为了消除绿(蓝)箱反射到前景人物衣物边缘上的反射色光,提高抠像效果。对绿(蓝)箱的灯光照明控制是虚拟演播室节目制作的布光关键。要通过详细区域、点的测光,将各区域的照度值控制到一致的情况下,总体照度要控制在辅助抠像的最低数值。经过我们的研究,人物面光和背景光的光照度比可以接近到 2∶1,也不会影响抠像颜色的抓取。

总体来说,无论是实景演播室的布光,还是虚拟演播室的布光,都是为了能够在满足了技术质量的前提下,给人们带来更富有艺术美感的电视画面。我们还要在今后的虚拟节目制作中不断地研究和总结,给观众带来一个更"真实"光照环境下的"真实"场景。

1.6　画面合成,炫酷的真真假假场景

色键是虚拟演播室视频中最常见的一种特技效果。在以前的模拟特技中,它是通过将前景图像中的某一色度信号取出,并用其作为脉冲信号,去控制选择输出电路,即在有脉冲信号时输出背景图像,而在无脉冲信号时输出前景图像,同时在前景图像中被选定的颜色处,用背景图像代替。在电影编辑中,它被称为抠像;而在视频编辑软件中,它是将前景图像中的视频对象从底色中抠出,再与另一新背景叠加。

1.6.1　色键原理

任何图像的每个像素的颜色和亮度都可以由红色(R)、绿色(G)、蓝色(B)百分比来表示,白色是100%的红色、100%的绿色、100%的蓝色的组合;黑色则是0%的红色、0%的绿色、0%的蓝色的组合。每一个介乎于白色和黑色之间的颜色可以这样表示,我们用十进制值的百分比表示每一个三基色组成,范围从0到1.00(100%)。

首先是前景信号,通常前景信号是主持人在蓝背景前的画面。色键作为自键使用,其键源和键填充信号是一样的,都是前景信号。背景信号通常是背景图形工作站产生的图形信号。键信号将前景信号通过提取形成黑白图像,即将要抠去的部分变成黑色,电平值设为0,保留的部分为白色,电平值设为1。

然后分别将这个键信号对前景信号和背景信号进行控制,即键信号与彩色前景信号每个像素点对应值相乘,要抠去颜色的地方对应前景信号为0,没有输出是呈现黑色,其他地方对应前景信号为1,信号不变,处理后的前景图像就是抠去某个颜色的图像。再将键信号每个像素的相反值与背景信号相乘,即键信

号中电平值为 1 的像素点变为 0,电平值为 0 的地方为 1,要抠去颜色的地方对应背景图像信号为 1,信号不变,其他地方对应背景信号为 0,呈现黑色。这样处理后的背景图像就是抠去主持人的图像了。最后将这两个处理后的图像信号相加,把前景图像中的主持人嵌入背景画面中形成合成画面,如此就完成了色键抠像的整个过程。因此,信号提取的好坏直接影响到最后结果的好坏。色键原理详见图 1.12。

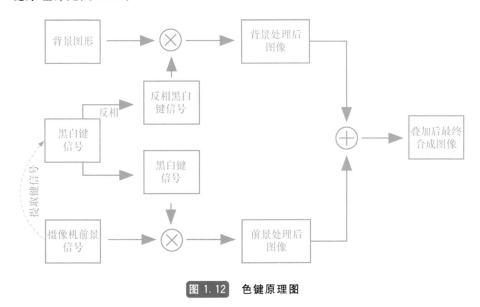

图 1.12　色键原理图

1.6.2　VR/AR 前景处理

处理前景的算法是,将每个像素点的 R/G/B 值分别减去上述差值最大的 R/G/B 值与每个像素 Matte 数值的乘积,得到的结果就是该点前景画面处理后的 R/G/B 值。在这种算法中,当计算的结果小于等于 0 时,一律取值为 0,这时前景画面在这个点被完全抠去;当某像素点的 Matte 值为 0 时,前景画面在该点完全显示出来。

由于前景中人物皮肤等位置的颜色较浅,经过色键处理后颜色容易受到背景绿箱(或蓝箱)漫反射光的影响而变得偏绿或偏青,这时就需要进行一些特殊的调整保证颜色的还原度。首先可以通过色键器中前景调节的杂散光抑制项去除前景中的漫反射颜色,如果效果不明显的话则需要降低绿箱(或蓝箱)背景

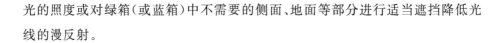
光的照度或对绿箱(或蓝箱)中不需要的侧面、地面等部分进行适当遮挡降低光线的漫反射。

1.6.3　VR/AR 背景处理

处理背景的算法是，将每个像素点的 R/G/B 数值乘以该点 Matte 值。Matte 值为 1 的像素点，背景画面不受影响；Matte 取值 0～1 的像素点，背景画面相应变暗；Matte 为 0 的像素点，背景画面完全不显示。

在背景处理中比较常见的问题是背景图像噪点较多，这主要是由于绿箱(或蓝箱)在抠像时颜色去除不完全导致。可以适当调整色键器中有关背景增益电平或切割电平的数值加以改善，当然，绿箱(或蓝箱)背景灯光照度的均匀度越高越可以使背景颜色去除更完整。如果绿箱(或蓝箱)的某个区域照度过低甚至出现阴影时，通常会在这个区域产生较多的背景噪点。

1.6.4　实际抠像流程

在这里以常用的 Ultimatte 专业色键器为例讲解实际色键抠像流程。Ultimatte11 高级色键器是靠触摸屏幕的控制面板调整所有参数的，具备简洁的按钮功能选择面板。面板上"Unit"是控制色键器的选择，一个面板可以最多控制 4 个色键器主机。"View"是选择色键器预监的输出，可以选看 FG 前景图像，BG 背景图像，Matte 键信号。"Menu"是各种参数方面数值调整的选择，包括 Matte，FG，BG，Wind，Matte In/Out，Config。"Quick Save"可以保存 5 个快速记忆点。

我们先调整好摄像机信号到合适的光圈，使进入 Ultimatte11 色键器的前景信号达到正常幅度，没有信号限幅的现象。然后在 Ultimatte 11 面板上按"File Clear"键，将 Ultimatte 11 所有状态清零，Ultimatte 11 默认演播室是蓝箱(也可以手动改为红箱或绿箱)。清零完毕，就可以按亮面板上"Menu"的"Matte"按钮，在屏幕菜单上看到主要的数据，如屏幕的 RGB 值和 Matte 值，锁相状态等，看"Status"里"M＝20％"，即 Matte 的值是 0.20。先调整"Clean Up Level"旋钮至 27％～30％就可达到最佳抠像效果，然后将"Matte Density"大幅度调到前景画面不抠穿。调"Matte Density"可以使主持人的海军蓝色衣服被正确抠出,这时键信号对应衣服地方从灰变黑。按亮面板上 View 的"Matte"按键,在预监屏幕观看产生的键信号的黑白画面,直至画面中前景的主体(主持人)呈现白色的影子,除此之外都是黑色。某些前景图像的主体灰黑色区域往往会被误抠穿成半透明,或者键出现灰色的区域,这对应的并不是前景主体的阴影部分,而是主持人的衣服。这时就要调整"Black Gloss"直至键信号的不正确的灰色区域变回黑色。

最后要微调切割电平,使抠像的边缘更优质而不出现锯齿边。点击屏幕"Clean Up"进入切割电平的微调菜单,调"Clean Up Threshold"和"Clean Up Softness"可以使抠像的边缘更加平滑,头发之类精细的边缘细节都能完美显示。

在面板上按亮 Menu 里的"FG"按钮,进入"Foreground Controls Menu"前景控制菜单,我们可以看到"Control Groups"里有"Flare"和"Ambiance"两项。Flare 选项是调节 Gate 1/3 和 Gate2 的阀值,使之准确区分前景主体与箱体的颜色,去掉演播室的地板或背景箱体的颜色反射到前景图像主体上的杂散光。主要是调整 Gate2 的值使前景图像的主体的杂散光消失为止。Ambiance 选项不但可以调节前景的周围环境明暗,更可以通过设"Direct Light Enable"由 Ultimatte11 直接补充灯光到前景主体,在不改变演播室灯光的情况下,添加聚光灯效果在前景图像的主体上。此外,演播室布景采用绿箱背景下的抠像与蓝箱时类似。如果演播室的现场背景布置使用的是绿色或者红色背景箱体,只需先在色键器面板上按亮"Config"按钮,再在屏幕上"Function"点选"Red Backing"红色背景或"Green Backing"绿色背景,然后点"Auto Timing",其余步骤参照蓝箱那样调整即可。

1.7　一直追赶音频的未来靠 CPU＋GPU,现在靠延时

1.7.1　为什么会产生视频延时

VR 的体验实际上需要复杂的技术处理流程,从传感器采集、传输、引擎处

理、驱动硬件渲染画面、液晶像素颜色切换,最后到人眼看到对应的画面,中间经过的每一个步骤都会产生一个 Latency(我们称之为延迟)。

虚拟演播室内摄像机的各种运动参数变化是以跟踪数据包的形式发送给图形渲染服务器,虚拟演播室的图形渲染服务器在接收到这些数据后会立即开始快速运算,使渲染服务器中虚拟的场景图形位置变化和演播室内摄像机实际的运动变化轨迹相匹配。计算机进行这种运动轨迹的计算需要一定的时间,同时虚拟场景中的一些光影、粒子效果也要通过渲染服务器进行实时渲染,这个渲染过程也需要时间,这两部分时间的叠加就使渲染服务器输出的虚拟场景图形和原始演播室内摄像机拍摄图像之间发生了时间差,即视频延时(图 1.13)。

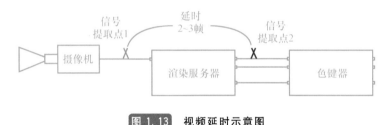

图 1.13 视频延时示意图

1.7.2 解决办法

1.7.1 小节已经阐述了虚拟演播室系统产生延时的原因。由于延时主要发生在虚拟图形的视频处理过程中,所以在虚拟演播室系统中音频会出现超前于视频若干帧(通常 2～3 帧)的情况。解决这一问题的方法是在演播室内增加音频延时设备。音频延时设备可以是独立的音频延时器,也可以使用调音台自带的音频延时模块。首先在演播室内安装好音频延时设备,然后我们就可以在音频延时设备中设置音频延时时长,延时时长要等于音频超前视频的时长,才能保证视频和音频的一致。音频延时设备的参数设定一般是以毫秒为单位,1 帧等于 40 毫秒时长,如果延时为 3 帧,那么需要将音频延时器设定为 120 毫秒。为保证音频延时设定得准确,我们也可以先使用专业检测设备对演播室视频延时量进行测定,测出准确视频延时量后再进行音频延时量的设定。

实际虚拟演播室会产生一定的视频延时,延时的原因往往来自于计算机处理摄像机传感器的原始数据滞后,所以前景或摄像机输出端要增加延时,现在虚拟系统基本上都可以通过对计算机软件加以调节,以保证前景的运动与背景运动之间的时间关系。

在虚拟演播室系统中,摄像机跟踪系统会产生 3 帧左右的延时,因此,必须给音频通道加相应的音频延时。但是对于不同的视频信号,其产生的延时时间也不相同,如摄像机的信号必须经过延时器与跟踪数据相匹配,但是作为插入视频的播放机信号就没有经过延时器。而如果是从外来接口输入的信号,由于经过了帧同步器又会多产生 1 帧的延时。因此在虚拟演播室中,不能单纯对调音台的输出信号进行延时,而是要对每个音频通道设置不同的延时时间。使用数字调音台具有单独对各路信号设置延时的功能。最终确定在录制标清节目时对于前景信号的音源,一般是对话筒的信号做 450 毫秒的延时,对于插入视频的信号做 300 毫秒的延时,以确保声画同步,录制高清节目时,相应减少 1 帧的时间。

延时给声音的监听也带来了一些问题,通常导播间的 PGM 监视器监看的是延时后的视频信号,所以导播间的声音监听也应该是延时后的音频信号,而对于反送到通话系统的节目监听声,一定是没有经过延时处理的,否则在通话系统中产生不必要的回音效果而对主持人产生干扰。因此,调音台需输出两路信号,一路延时信号用于导播间监听以及节目录制,另一路未加延时的信号用于通话系统中的节目声监听。

1.7.3 新一代 CPU＋GPU 支撑未来虚拟演播室技术发展

CPU 的发展趋势就是不断去整合更多的功能和模块,从协处理器、到缓存、再到内存控制器甚至整个北桥。目前 AMD 和 Intel 的所有主流 CPU 都已经整合了内存控制器,Intel 最新的 Lynnfield(Core i7 8XX 和 i5 7XX)已经整合了包括 PCIE 控制器在内的整个北桥,而 Clarkdale(Core i5 6XX 和 i3 5XX)更是将 GPU 也整合了进去。

从某种意义上来说,GPU 本身就是一颗协处理器,主要用于图像、视频、3D加速。之所以这么多年来没有被 CPU 所整合,是因为 GPU 实在太复杂了,以现有的制造工艺限制,CPU 不可能去整合一个比自身规模还要大很多的 GPU,它顶多只能整合一个主流中低端的 GPU,而这样的产品只能定位入门级,无法满足游戏玩家和高性能计算的需要。

GPU 从诞生至今一步步走来,就是在不断蚕食着原本属于 CPU 的功能,或者说是帮助 CPU 减负,去处理那些 CPU 并不擅长的任务。比如最开始的 T&L(坐标转换与光源)、VCD\DVD\HD\BD 视频解码、物理加速、几何着色。而今后和未来,GPU 将夺走一项 CPU 最重要的功能——并行计算、高精度浮点运算。

我们知道,CPU 第一个整合的就是专门用来加速浮点运算的协处理器,此后历代 SSE 指令集也是为了加强 CPU 的单指令多数据流(SIMD)浮点运算性能。而 GPU 打从一开始就被设计成为了 SIMD 架构(至今 Cypress 也还是这种架构),拥有恐怖浮点运算能力的处理器。当今 GPU 的浮点运算能力更是达到多核 CPU 的几十倍甚至上百倍! CPU 永远都赶不上 GPU 的发展速度,因此,最适合进行浮点运算的显然是 GPU,CPU 继续扩充核心数目已经变得毫无意义,因此,整个业界都在想方设法地发掘 GPU 的潜能,将所有的并行计算任务都转移到 GPU 上面来。即便是 Intel 也看到了 GPU 广阔的前景,因此着手研发 GPU。

此前由于 API 和软件的限制,GPU 在并行计算方面的应用举步维艰、发展缓慢,NVIDIA 孤身推广 CUDA 架构虽然小有成就但孤掌难鸣。好在 OpenCL 和 Direct Compute 两大 API 的推出让 GPU 并行计算的前途豁然开朗,此时 ATI 和 NVIDIA 又重新站在了同一起跑线上,那么很显然谁的架构更适合并行计算,那么谁就能获得更强的性能和更大范围的应用,通过本文的分析可以看出,ATI 的架构依然是专注于传统的图形渲染,并不适合并行计算;而 NVIDIA 的架构则完全针对通用计算 API 和指令集优化设计,确保能发挥出接近理论值最大效能,提供最强的浮点运算性能。

CPU 面临拐点:强化整数性能,浮点运算交给 GPU。AMD 同时拥有 CPU 和 GPU,而且 AMD 在技术方面往往能够引领业界,因此对其未来发展的规划非常值得大家思考。根据 AMD 最新的产品路线图来看,其下一代的高端 CPU 核心 Bulldozer,最大的亮点就是每一颗核心拥有双倍的整数运算单元,整数和浮点为非对称设计。AMD 下一代"推土机"架构,大幅强化整数运算单元。一个推土模块里面有两个独立的整数核心,每一个都拥有自己的指令、数据缓存,也就是 scheduling/reordering 逻辑单元。而且这两个整数单元的中的任何一个的吞吐能力都要强于 Phenom II 上现有的整数处理单元。Intel 的 Core 构架无论整数或者浮点,都采用了统一的 scheduler(调度)派发指令。而 AMD 的构架使用独立的整数和浮点 scheduler。

据 AMD 透露,目前存在于服务器上的 80％的操作都是纯粹的整数操作,因此 AMD 新一代 CPU 大幅加强了整数运算单元而无视浮点运算单元。而且,随着 CPU 和 GPU 异构计算应用越来越多,GPU 将会越来越多的负担起浮点运算的操作,预计未来 3～5 年的时间内,所有浮点运算都将会交给最擅长做浮点运算的 GPU,这也就是推土机加强整数运算的真正目的。

当然,AMD 和 Intel 都会推出 CPU 整合 GPU 的产品,不管是"胶水"还是"原生"的解决方案,其目的并不是为了消灭显卡和 GPU,而是通过内置的 GPU 为 CPU 提供强大的浮点运算能力。但由于制造工艺所限,被 CPU 所整合的 GPU 不是集成卡就是中低端,只能满足基本需求。所以想要实现更强大的游戏性能和并行计算性能的话,专为浮点运算而设计的新一代架构的 GPU 产品,才是最明智的选择。

所以说,CPU 和 GPU 双方是互补的关系,只有 CPU 和 GPU 协同运算,各自去处理最擅长的任务,才能发挥出计算机最强的效能。只有当制造工艺发达到一定程度时才有可能将 CPU 和 GPU 完美融合在一起,到那个时候虚拟演播室的虚拟图形渲染的速度和实时性也会更快,因此而产生的视频延时的时长也就真的可以忽略不计了。

第2章 节目制作篇

2.1 让图"动"起来的魔力

电视行业的发展推动了动态图形设计的发展。美国电视业技术在 20 世纪 60 年代不断进步,胶片被录像取代使用,当时的三大巨头电视网引入了自己的形象识别系统,ABC 电视网率先在节目中引入动态图形设计,如旋转标志,至此,动态图形迅速被各国电视媒体效仿,成为如今电视业识别系统中必不可少的一部分。

在数字媒体应用广泛的今天,对于时长短、信息量大的气象影视节目来说,传统的图形更是无法满足大数据充斥下的需求,传统的图形图案的设计已经开始由呆板的静态图形变为动态图形,利用动态视觉来结合交互内容对受众进行良好的引导,增加读取的信息量以及趣味化的交互才能让受众在复杂的信息环境下接受到想要接受的信息,运用虚拟技术,让气象影视节目中的"图"全方位动起来,就赋予了气象影视节目化腐朽为神奇的力量

2.1.1 推拉摇移,化次为主

传统的图形视觉传播在传达信息的时候一直处于利用图形来表达文字含义的地位,让人可以更直观清晰地吸收内容。在传统视觉传播的时代,图形一直起着辅助文字的作用。而在虚拟技术到来之后,当图形进行动态化的设计处理并介入交互手段后,为信息传播增加了更多的易读性以及趣味性,从而成功吸引视线,成为部分气象节目的"主宾"。

比如《凤凰气象站》就在虚拟演播室场景中设计了视觉约 2 米高的视频窗(图 2.1),用来展示图片、视频以及天气图形,高大的视频窗对观众的视觉冲击非常强烈,占据了画面的大幅位置,《凤凰气象站》节目中的图形大多数都是运动的,如果是静止图片,节目编导会提前利用 Photo Story 软件实现静止图片的推拉摇移效果,缓缓运动的美图使整个气象节目时尚吸睛,同时,在需要呈现具体的气象信息时,会利用摄像机的推和移,突出气象信息,使信息表达最大化,清晰明了。

图 2.1　《凤凰气象站》节目中的视频图

2.1.2 立面变形，突破空间限制

虚拟演播室的实质是将计算机制作的虚拟三维场景与电视摄像机现场拍摄的人物活动图像进行数字化的实时合成，使人物与虚拟背景能够同步变化，从而实现两者天衣无缝的融合，以获得完美的合成画面。气象影视节目的包装一般包含图片/视频、天气图形、单点城市 3～5 天预报以及数据统计展示等模块，在传统的演播室环境中，这些模块大多都以平面静止的样态呈现。而利用虚拟技术，演播室中的某个部分可以飞起来，主持人前的主持台自己移走，地面某个部分腾空而起等，这些运动效果都可以在虚拟演播室中被实现。

这给演播室的创意设计人员赋予了更多想象空间，可以将节目各个模块的平面图形进行立面变形，展现图形变化的深度，让气象影视节目变得更灵活生动。《凤凰气象站》就是国内最早开始使用虚拟演播室的气象影视节目，它的演播室设计将灵活生动体现得淋漓尽致。

如图 2.2 所展示的演播室场景远处缓缓移动的云以及转动的风车，体现出节目的气象标识，又使整个演播室环境动而不乱。生长出的水晶球是全球云图模块。该模块出现时，水晶球上的虚拟云图变成了实况云图。在以往的天气预报节目中，实况云图也出现过，但是通常都是运用局部地区的云图，而没有全球

图 2.2　《凤凰气象站》节目中的虚拟演播室的应用

视角实况云图,因此,《凤凰气象站》的全球云图是一个开先河之作,用来为《凤凰气象站》的全球视角服务。所以,演播室内包装模块的"动作"需要紧密贴合栏目特色,"动作"为内容服务,不能纯粹为动而动。尤其是对于气象影视节目来说,时长短,信息量大,包装模块的运动一定要简而有效,运动过程既不能时间过长占据宝贵的节目时间,也不能过于复杂影响气象信息的表达。

2.1.3　数据"动",精准表达

在大数据时代,数据的容量已经充斥着整个时代,数据多是气象影视节目的一大显著特色。图形化、动画化的数据相对更加生动,参与感更强,使用户在冷漠的数据面前也能参与、交流。让数据不再枯燥是虚拟技术在气象影视节目中的重要任务之一。信息可视化是将数据进行视觉化传播的过程,在这个过程当中需要选择和设计合理的动态图形,通过视觉元素对数据进行准确的表达。在视觉元素上再增加时间的概念,突破二维三维的限制,能够将数据信息利用可视化的方式表达更加精准、直观。

《天气聚客》等节目将数据化为立体饼状图(图 2.3)或柱状图呈现(图 2.4),且用不同颜色的色块突出数据的区别,虚拟技术下,数据图表不仅可以三维化,还可以对其中需要突出说明的数据进行动态处理,安排生长、变形、凸起、飞出等不同运动方式实现特殊表达。

图 2.3　《天气聚客》虚拟演播室中展现立体饼状图

图 2.4　《天气聚客》虚拟演播室中展现立体柱状图

　　另外,还可以将数据与地形、地理位置等其他要素结合,配合镜头的运动,展现数据的全貌,突出数据的局部,有点有面,比如以北京的一次强降雨过程为故事脉络,就可以设计观众互动、精细到北京各个环路甚至桥区未来 3 小时的降雨量变化和相应的积水量变化等环节(图 2.5)。

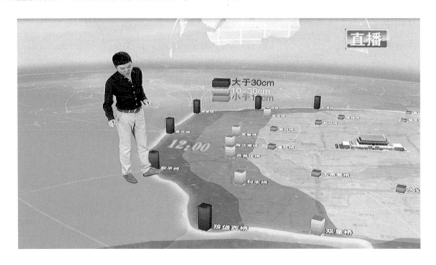

图 2.5　《天气聚客》虚拟演播室中展现北京环路积水量预报

　　从设计的方向来看,虚拟数据动态图形展现出一种新颖、友好、直观的效果,使得传播方式更加直接,更加深入,带给了用户更直观的提取信息的方式,使重点信息能够在各类信息中轻松出现。

2.1.4　天气"动"，直观形象

在气象影视节目中，比数据元素更多出现的是天气元素，利用虚拟技术，模拟天气元素，虚拟演播室里可以下雨、飘雪、打雷闪电，运动起来的天气元素，使主持人需要讲解的天气变得直观形象，预报天气突破二维天气预报图的局限（图 2.6）。天气元素的运动既可以是巨大的台风在演播室里旋转，也可以是暴雨天气里视频窗标题条里不停下的雨滴，这些运动的设计让不常见的天气元素在观众面前栩栩如生，也能让观众身临其境，彰显出气象影视节目的品质和制作人员的用心。

图 2.6　**虚拟技术让台风在演播室里旋转**

　　除此之外,二维天气图上的天气符号在虚拟技术的帮助下也可以变得更直观形象,如城市气象预报符号的三维立体运动,气流从一根根平面的线条变身成流动的线群,结合摄像机视角的变化,枯燥的天气就拥有了吸引眼球的魔力(图2.7)。

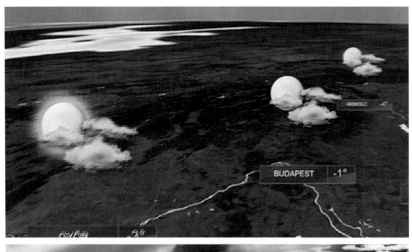

图 2.7 城市气象预报符号的三维立体运动

2.2 "解放"感官的互动

　　中国传媒大学的胡智锋教授曾经依据电视品牌的稀缺性、优质性、独特性、极致性等特征提出了"人无我有,人有我优,人优我特,人特我绝"的理念,这个理念在气象影视节目制作中同样适用。电视是技术媒体，在某种程度上，技术先于内容，技术改变电视节目的语态，气象影视节目也同样如此。虚拟技术的发展和应用恰恰为电视天气预报"人无我有，人有我优"创造了技术条件，同时也为电视天气预报节目的语态变化及创新带来了更多的可能。

2.2.1　场景化叙事提升视听感受

"电视语态"的概念是 2003 年孙玉胜在《十年——从改变电视的语态开始》一书中首先提出的"要降低电视媒体说话的口气，尝试一种新的语态，也就是新的叙述方式"。早期，电视天气预报节目的叙事表达还很初级原始，只是对现在和将来的天气状况作简单的描述和浅层次的梳理，其作用仅仅是信息的"传达"而谈不上"表达"。电视技术多元化发展后，尤其是虚拟演播室技术出现后，电视天气节目开始进入场景式的叙事表达。国内最早一批虚拟演播室电视天气预报节目（如凤凰卫视的《凤凰气象站》、CCTV5《天气体育》以及旅游卫视的《天气在变化》等）都利用虚拟技术对节目的空间场景进行了设定，从而定义节目的语态以及风格。

以 CCTV5《天气体育》为例，受众调查分析显示（图 2.8），CCTV5《天气体育》男性比例占 72%，25～34 岁观众比例偏大，55 岁以上观众比例偏小，与央视其他气象节目相比，《天气体育》节目受众男性化、年轻化特征明显。

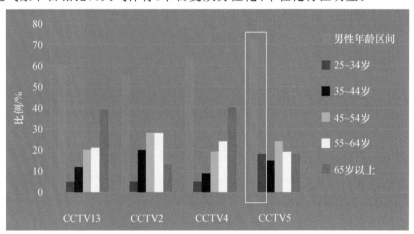

图 2.8　《天气体育》节目的受众调查

因此,《天气体育》节目虚拟演播室场景内包括包装元素、色彩风格以及主持人服装的设定均为动感、科技感、生动、活泼(图 2.9)。

图 2.9 《天气体育》节目虚拟演播室场景

而在特定场景中的气象信息叙事方式催生了节目语态平民化、生活化以及网络化的巨大变化,虚拟技术促进了新媒体环境下电视天气节目语态与时俱进的创新。

在影视业务诞生和发展的初期阶段,电视天气预报的制作逐渐形成了有专业预报员背景的编导根据天气形势编辑文稿——→电视制作人员根据文稿制作图形图像——➤主持人在镜头前播报文稿的业务流程,这种稳定、有序的"流水线"积极地推动了电视天气预报的发展,但随着媒体技术和受众收视习惯划时代的转变,这种制作模式也形成了气象影视节目视觉吸引力差,书面语多、差异性小等问题。

影视技术的革新尤其是虚拟技术的应用,让大家在制作方式上,可以利用有效的技术手段把气象知识变得通俗易懂,把先进的电视技术手段、全新的电视语态结合起来,让气象节目焕发全新的气质。

电视编导是气象影视节目业务流程的重要一环,在采用虚拟演播室的气象节目里,编导首先要依托专业的气象指导和海量的气象信息,把今天节目主要讲的内容按照一定的逻辑关系串联起来,而且是要以具体的虚拟包装形式体现的,也就是说,编导在还没有形成节目解说词的同时,对于当天节目什么样的信息用什么虚拟包装、包装的动静形态、镜头的推拉摇移都要心中有数,这也是电视语言中的"分镜头"(图 2.10);和制作人充分沟通,从制作的角度解决内容和表现方式的完美结合(图 2.11);主持人依照编导的指导,在虚拟场景中进行走动和指示,实现有效的讲解和调度(图 2.12)。编导与虚拟气象影视节目中各个业务环节进行"隐形互动",最终形成人、图、话的结合,形成节目语态,提升了观众的视觉和听觉感受。

图 2.10　CCTV5《天气体育》利用虚拟运动沙盘以及拉条式虚拟
装置解读天气要素对户外运动的影响

图 2.11 《天气体育》将 10 余种户外运动天气适宜指数进行图标化

图 2.12 《天气体育》晒运动朋友圈

2.2.2 表演式叙事带来沉浸式感官体验

表演式叙事在情景式叙事的基础上更进了一步,添加了表演的色彩,使天气预报节目的表达更加多样,增强了趣味性,进而开发了节目的娱乐价值,使得受众更易接受。英国的尼古拉斯·阿伯克龙比认为,电视主要是一种娱乐媒体,在电视上亮相的一切都具有娱乐性。因此,在虚拟技术的推动下,节目的叙事者可以在不同的天气中演绎不同的身体、心理感受。以电视直观的视觉形象传达多样的信息,让观众感同身受,身临其境。

2015 年,CCTV2《第一印象》在台风"苏迪罗"特别节目中就利用虚拟技术模拟出台风制造的降雨现场以及大风现场,主持人徐丛林在模拟的天气环境中,演绎不同风力等级下的感受,并以动作演示躲避雷电的正确姿势(图 2.13)。

从语态到体态的引领,表演式的风格促使气象信息变得更通俗易懂,也变得更容易被观众记住,同时给节目本身打上了鲜明标识,独树一帜。

图 2.13　主持人在模拟的天气环境中演绎不同风力等级下的感受

河北省气象局的《冬奥风云榜》对 2022 年的冬奥会进行畅想,模拟了冬奥会第二天的比赛项目和天气情况,整档节目利用虚拟演播室技术模拟出了实际中不存在的冬奥会赛场等场景,辅以少量实景穿插(图 2.14)。主持人摆脱了传统演播室的空间制约,根据节目内容快速自如地穿梭于不同的虚拟场景之中,使节目极具纵深感且层次分明,营造了身临其境的效果,与传统抠像机背景平面呆板的视觉效果不同,场景中的三维效果立体、直观、生动,更有视觉冲击力。像节目中主持人在讲到补充热量的小吃——黄米糕时,真的从身旁黄米糕的图片中"拿"出一块吃了起来,主持人通过这种仿真互动呈现出了与传统节目截然不同的肢体表现力,极大地丰富了节目的表现效果,给观众带来了沉浸式的感官体验(图 2.14)。

图 2.14 《冬奥风云榜》对冬奥会进行畅想

2.3　虚拟包装的"风格化"

现今,虚拟现实技术或者说虚拟演播室技术越来越深入到了天气预报节目里。天气预报节目这些年在不断朝着精细化、现代化服务方向发展,天气预报节目也从原有的预报类节目不断延伸出新闻报道类、生活服务类、气象与体育、气象与防灾减灾、气象与农业服务等多元化节目形态。在条件允许的情况下，我们不断尝试运用虚拟现实技术的包装特长来改善栏目的质量。从国内外各个从业机构的经验来看，我们发现，各类栏目由于节目定位的差异，虚拟现实技术所展示的效果也是不同的。在运用虚拟现实技术时，各种不同类的天气预报节目有着不同的包装策略与手段。可以从如下几点来分析。

新闻类天气预报节目中的虚拟包装技术，脱离"绝对真实"，力求真实与安全播出的有机融合。

近些年，中国气象频道的天气新闻直播报道节目里越来越频繁和广泛地应用虚拟植入包装，包装的内核在于直播中的虚拟场景常常在全虚拟环境和新闻直播间的实景环境间的虚拟包装产品的切换，天气虚拟产品的播出需要进行大量的实时数据处理，如三位天气模型的实时渲染、跟踪能力。电视新闻的直播容不得半点闪失，一旦出现渲染数据量超载，就会出现一些画面抖动、网络冲突或其他瘫痪性的问题。但另一方面，从节目的最终效果考虑，虚拟演播室在直播中，其独特的优势是无法被其他技术替换的。例如：在场景设计环节，虚拟演播室可以根据节目的风格及一些重大灾害性天气事件的特殊要求，充分发挥电视艺术学的想象力，为每一个特殊的节目量身定做个性场景。而且虚拟演播室能避免以往新闻节目直播时单一的直播场景，远远优越于传统的一次性使用的真实演播室。从包装技术角度来说，丰富多彩的三维动画示意、大屏幕播放及远程连线小窗口，不但能增强直播节目的可欣赏性，还大大地加大了节目的信息量。

生活服务类天气预报的节目理念用一句话总结就是"不但要讲一个好故事，更要讲好一个故事"。在这个节目定位的前提下，因此，把虚拟现实技术应用于生活服务类天气预报节目中时，要对气象数据进行可视化，把传统的通过听觉获取气象信息转化为通过视觉获取，就是"身临其境"的诠释（图 2.16）。天气预报有着其本身客观、不以人的自我意志为转移的传播内容和科学规则。运用虚拟现实技术、虚拟演播室技术，能够更加准确、直观、客观地表现出大气环境、天气模型、地形、地貌、人为因素等等信息。把一系列通过计算机运算得出的数据用更直观更立体的方式讲述给受众。生活服务类天气预报节目就是需要把抽象的数据直观化表现，把枯燥的文字温情化表达。节目中，虚拟技术人员事先把大风、晴、阴雨、冰雹、泥石流等等程式预先设计编辑到电脑里，结合地理信息地图、粒子系统表现出来的雨雪天气现象、云雾渲染出来的天气场景，配上主持人深情脉脉地人文关怀解说词,使生活服务类节目变成有温度的、有角度的贴心使者,传递给受众一种温暖的天气关怀和生命爱护。

图2.15　生活服务类天气预报节目对虚拟现实技术的视觉美感依赖

　　气象体育类节目里经常都会有一些赛事天气的播报,通常在节目制作前,电视编导都会对比赛地的气候特点等历史相关数据进行采集汇总,并结合当前天气实况和预报数据进行比较,还会加入一些赛事结果数据,这些都需要虚拟系统工程师根据虚拟系统内部的一些算法函数,通过数据运算生成演播室呈现所需要的数据图表,例如包括比赛地月平均气温气候数据与比赛月气温实况数据的分析对比、比赛地的降水概率、湿度百分率、天气对运动员成绩的影响要素等核心数据内容的筛选整合,将实时数据、周期性统计数据、观测数据等进行统计存储,以便于随时被调用。最后在通过相关数据的分发与虚拟包装系统进行接入,将相关实时数据加载到演播室播出模板中实时呈现。这些都使得主持人的讲解更加详细、直观和全面(图 2.16)。

图 2.16　气象体育类节目里虚拟包装的"动感缤纷"

整体包装创意设计上,体育类天气预报节目的设计通常采用简洁的风格,但简洁并不等于简单,只能通过较少的元素来进行组织构图。简单的元素往往是较难处理的,必须使简洁的元素更加新颖、更加丰富生动。根据赛事特点,在创意设计上进行区分,在保持整体创意形式统一的前提下,通过对阵板和赛事主色等元素进行创意上的变化,同时结合动感炫酷的动态效果呈现出来,无论在画面视觉以及动感变化效果上使整体的创意设计更加新颖，充分体现出体育比赛的动感、活力。

通过虚拟演播室技术，还可以在虚拟空间内设置演播室与虚拟比赛球场，主持人可以通过虚拟技术在演播室中跨过两个虚拟场景，从演播室"穿越"到比赛场进行讲解。通过虚拟技术的全新表现形式及应用，进行更加有效的视觉传达，让观众体验到虚拟技术所带来的震撼效果（图2.17）。

图2.17 虚拟空间内设置演播室与虚拟比赛球场

2.4 抽象到具象

对于气象节目而言，每天都在做的就是"翻译"工作。做老天爷的"翻译"，简单地说，就是从抽象到具象的翻译。具体地说，就是把抽象的天气科学原理、枯燥的天气预报数据，转化成用户听得懂、读得明白、用得到的信息。也就是说，要想做好老天的"翻译"，就是要打通天气信息传递中的种种隔阂，想尽一切办法创造条件形成信息传播的通路。

这就好像是两个彼此之间有误解的人，仅仅靠别人传话交流是很难消除误会的。需要有那么一个人，把他们撮合在一个空间里，让他们能够看到对方，然后，把问题一点点地、慢慢地讲清楚。由此说来，将不经翻译的天气信息直接传递出去，就无异于这种隔空传话，最终只会是误会难消。

多年来,从抽象到具象"翻译"过程,其呈现形式也经历了不断的演变和进步:从文字公报到天气图形,从数字信息到图表信息,还有就是从传统抠像演播室,再到虚拟演播室。

当虚拟演播室技术加入到气象信息的传达过程中之后,无论是天气科普,还是天气预报,它们的表达形式和展现方式都开始出现了跨越式的转变。

2.4.1　天气科普原理的"可视"与"稀释"

当天气科普遇到了虚拟技术,可谓一拍即合,甚至有点相见恨晚。气象信息作为精准的科学信息,严谨、科学、简洁是它的突出特点。但是,作为气象信息的目标用户来说,接收到这样的信息,却几乎没有价值。因为,他们如果没有背景知识做铺垫,就无法完成与信息之间的共鸣,从而只能部分地或者是片面地获取信息。

1."可视化"让天气科普更有得聊

而这种情况,在天气科普内容的传达过程中体现得尤为明显,因为天气科学原理比降雨预报、气温预报等预报类信息更难懂,同时也更难被表达和展现。这就需要信息和数据的"可视化"。

当虚拟演播室技术加入到气象信息的表达过程之后,世界好像变得美好了。虚拟技术用它长于展现、栩栩如生的优势,弥补了天气科普的晦涩难懂,一切都变得好玩、好聊了。

比如,当我们讲到台风的时候,除了台风最新路径、风雨影响、登陆信息这些常规信息之外,总是绕不开一些台风的背景知识。但是台风作为一个立体且庞大的天气系统,要想讲明白任何一个关于它的科学原理,没有"可视化"的信息作为支撑,都较难被完成。

举例来说,《凤凰气象站》曾在台风季科普过台风的危险半圆和可航半圆的概念(图 2.18),这个概念如果没有可视化的图形配合会非常枯燥难记。而通过虚拟模型植入的方式,直观地科普了危险半圆的危害性,警示作用更明显。

2. 干货"稀释"之后反而更有料

未经"翻译"的天气科普内容,往往会给人一种干货满满的感觉。但是,都是硬货,吸收起来还真有点消化不良。虽然,气象节目传递的内容需要严谨、科

图 2.18　《凤凰气象站》科普台风的危险半圆和可航半圆的概念

学、客观,但是,我们的解读手段却可以多样丰富,比如,硬货可以被"稀释"之后再拿出来呈现,岂不是更好吸收,更有料?

　　在西南地区多冻雨的时节,我们会做冻雨预报,比如"明天,在贵州、湖南等地局地可能会有冻雨出现,冻雨是由冰水混合物组成,与温度低于 0℃ 的物体碰撞立即冻结的降水,是初冬或冬末春初时节见到的一种灾害性天气。提醒大家做好冻雨的防范"。这样的预报,虽然对冻雨有一定的解释,但是这样的解释,还是会让人产生很多追问,归根结底还是对冻雨到底是怎么形成的没有认识。而如果在虚拟演播室中植入一些元素和文字,就可以简洁直观地回答大家的疑问(图 2.19)。

图 2.19　虚拟演播室中植入一些元素和文字

2.4.2　天气公报的大众化解读

我们每天做的气象预报类节目,大多都是从中央气象台短期天气预报产品"天气公报"中衍生出来的。是对天气公报的翻译、解读,并基于此进行的针对性服务。"天气公报"准确、专业,但是也相对刻板,不易于传播。

目前"天气公报"其结构设置大致是这样:一是昨日重点天气实况,二是重点天气预报,三是未来三天具体预报,最后还有一部分"影响与关注"。对于以 24 小时为具体预报时间单位的文字产品来说,这种模式可以明确地说明未来 24 小时的天气情况,以及对可能出现的影响进行提醒。但是对于大众化解读来说,还是太专业,也太枯燥无趣,那么,如何把这段文字解读好,就需要虚拟技术来大显身手,与传统天气图形打好配合,抽丝剥茧,一步步地将天气预报信息解读透彻。

以 2015 年 8 月 8 日的新华社天气预报为例。当时,《天气舞台》正遭遇台风"苏迪罗",节目开始先是结合实况对台风"苏迪罗"未来的走势进行预报(图 2.20),然后引导大家关注"苏迪罗"的十级风圈,为什么要关注十级风圈呢?

图 2.20　《天气舞台》节目主持人引导观众关注"苏迪罗"的十级风圈

受众会在这个疑问之下继续追看,这时候,节目运用虚拟技术植入一个台风模型到演播室内进行直观生动的科普(图 2.20),带受众了解到台风云墙区风雨最猛烈,因而最值得关注,而根据观测,"苏迪罗"的云墙区大概厚度在 120 千米(图 2.21),这恰恰是十级风圈大概所处的位置。到了这里,大家的疑问得到了解答。在虚拟技术的帮助下,对天气公报进行解读,让大家对刻板的预报,也有了追看的兴趣和更深入的了解。

图 2.21 《天气舞台》节目运用虚拟技术在演播室植入台风模型

2.4.3 方寸之间的"时空"穿越

当气象融合了虚拟技术,天气科普、气象服务便有了许多新玩法。它不但能将天气舞台上的大块头(比如台风、龙卷风)制作成虚拟模型植入演播室,还能进行时空转换,主持人可以在演播室里轻松完成穿越效果,而且,虚拟技术的成本相对于它可以展现的空间和场景而言,其实是低之又低的。

例1,河北省气象局制作的《冬奥风云榜》,就利用虚拟技术,实现了时间、空间的转换,时间上是从现实切换到了未来(2022 年),空间上则从演播室切换到了未来的冬奥赛场(图 2.22)。在穿越后的时空里进行冬季运动天气气候知识的科普,这样的呈现方式,显然更易被接受。

图 2.22 《冬奥风云榜》利用虚拟技术实现时间、空间转换

例 2,《凤凰气象站》在对建筑和降雨的关系进行描述时,以及对下蜃景现象进行科普时,都曾在演播室里进行了时空切换,身临其境地进行天气服务,效果更好(图 2.23)。

例 3,CCTV2《第一时间》在做高考天气服务的时候,也进行了场景的转换,在节目中,主持人一抬脚"迈"入了一间教室,把两个空间切换的过程也展现了出来,非常生动(图 2.24)。

图 2.23 《凤凰气象站》在演播室里进行时空切换

图 2.24　《第一时间》做高考天气服务时进行场景切换

2.5　让数字"说话"

在气象领域,最多见的就是各类数字、数据,几乎所有的气象信息背后都铺陈着大量数据。这些气象数据,虽朴实无华,但科学严谨,就好像一个颜值一般,却踏实可靠的男青年。而虚拟技术,则充满想象力、灵活多变,并且善于展现,它像是一位活泼惹人爱的女孩儿。当这两者相识相知后,互相取长补短,其实力和创造力必定是惊人的。而且我们有理由相信,他们共同配合、携手前进的创造力一定会越来越好。

这就好像目前的天气节目中,虚拟技术还大多限于场景的表现,气象数据要素的呈现通常是以背景的方式出现。而从现在的趋势,以及未来的发展方向来看,在虚拟场景中,气象数据的展现一定是更加立体多元的,这会使得气象数据的说服力更强,也更有表现力。

2.5.1　天气数据的空间转换——从"身后"到"人前"

现今,出现在天气节目中的图形多以数据图形为主,比如常见的实况图、预报图,以及卫星云图、风场图、流场图等等。气象数据转换为影视图形的方式,多是用专业的气象图形系统来制作生成,气象图形作为引用的信号被使用。因此,就框定了它以背景开窗的形式出现在主持人"身后"的模式,而主持人所做的就是对着身后的天气图指指点点。

如果在虚拟技术的帮助下,让这些气象数据,以灵活多样的形式展现,并且能够被主持人随意调度、演示、解说,同时,使气象数据信息完成从主持人"身后"到"人前"的空间转换,那么,气象节目的观赏性和传播效果会大幅提升。

比如,中国气象频道《天气点对点》的一期节目中(图 2.25),在北京暴雨时段进行直播,将城区分钟级降水预报叠加其他数据信息,立体直观地呈现在主持人的"人前",数据展现方式大气、新颖,既便于主持人演示、解说,又方便用户获取关键信息,参考出行。

再比如,CCTV2《第一时间》的一期节目中,对雨天行车车速进行了花式解读,针对不同量级的雨水下车速的不同进行直观展示。而且,在此过程中,汽车

图 2.25　城区分钟级降水预报叠加其他数据信息

还从主持人"身后"开到了"人前"（图 2.26），完成了动态变化，同时，还有汽车音效的配合，可谓立体化地解读了天气数据。

图 2.26　演播室里汽车从主持人"身后"开到了"人前"

2.5.2　天气数据的多样态呈现——"温度""力度""表现力"

当我们能够获取到的气象数据越来越专业化和精细化，就更需要有先进技术的支持来使数据的呈现更专业、更多样。只有这样，气象数据才不再只是拘泥于背景开窗式的展现，而将更有"温度"（服务性）、"力度"（权威性）、"表现力"

（多样性）。

1. 当冰冷的天气数据有了"温度"

严谨专业的气象数据，如果我们不去解读它、诠释它、展现它，只是原样照搬到用户面前，不但提高了理解门槛，无法有效传播，而且数据本身也给人冷冰冰，缺乏温度与共鸣的感觉。所以，在应用虚拟技术对气象数据的呈现做优化的时候，我们首先就是要解决"温度"的问题，要让用户感觉到贴近和共鸣，觉得我们的天气服务是温暖的、关切的。

比如，中国气象频道《天气点对点》在对北京暴雨的直播报道中，以永定门桥为例，结合实地道路情况、附近五百米内排水口个数以及未来雨势变化，演示了未来一到两小时内，永定门桥下可能会存在的积水问题，演示生动直观、数据精确。同时，也对市政公交方面发布了服务信息，提醒公交改道绕行。这样的数据呈现是温暖的、体贴的、关切的，这背后体现的服务意识是每一个用户都能切身感受得到。

2. 天气数据的"力度"该怎样体现

气象部门权威发布的各类天气数据和预警预报，专业精细，科学严谨。其背后体现的是气象科学的严肃性与权威性，既有分量又有力度，它是公共气象服务的根基。也正因为知道这背后的厚重和力度，所以，天气节目在灾害性天气的报道中，容易陷入刻板严肃、晦涩难懂的状态之中，而这必定会大大影响传播效果，反而削弱了其对公众的预警提醒作用。当我们使用虚拟技术去解读和诠释灾害性天气时，我们应该最大化地去解构数据，挖掘数据背后的信息，然后，想尽办法用最好的视听效果去呈现数据，从而体现出数据背后所承载的分量与力度。

比如，还是来看中国气象频道的《北京暴雨直播》，该节目根据天气预报中雨势加强情况，结合分钟级降水精确计算出积水深度（图 2.27），并结合地势数据、管网情况以及人口分布等信息，着重点出了北京市第七十一中学极易在下午 3 点前出现积水这一情况，建议学校提前放学（图 2.28）。这样的一系列数据分析、合理化建议，体现了公共气象服务的权威性与责任心。

3. 天气数据也需要卖力"表现"

就好像是酒香也怕巷子深，天气数据再好、再有用，也需要卖力"表现"，提高其表现力。首先，可以通过花式展现提高表现力。在虚拟技术的大力帮助

图 2.27　《北京暴雨直播》主持人结合分钟级降水精确计算出积水深度

图 2.28　《北京暴雨直播》主持人结合一系列信息建议学校提前放学

下，天气数据的表现力也在大大提高，即便是传统的最高气温预报、逐 3 小时降水预报，也可以有不同的表现形态。雷达回波图剖面图，可以让它立起来。数据还是那个数据，但是稍加包装，用户便会耳目一新（图 2.29）。

　　其次，关键时候，也可以"演"给你看。天气数据，很多都是由一个个数字构成的，比如多少毫米降雨量对应什么样的降雨量等级，几级风对应着什么样的天气现象。每个数字都对应一个相关气象内容，不便于理解记忆和媒介传播。

而如果把这些数据用更好的表现手段展示出来，再配合一定的表演，一定可以记得住、看得懂。而这个表演，可以是主持人在特定虚拟场景里的各种演示。比如，CCTV2《第一时间》的节目中，主持人曾做过一些"表演"，例如将不同风力等级下，人体会遭受到的打击展现出来，以此告诫大家大风天注意防范（图 2.30）。

图 2.29　《凤凰气象站》耳目一新的雷达回波剖面图

图 2.30　《第一时间》主持人通过"表演"展现人在不同风力等级下会遭受到的打击

又如,主持人还演示了当身处户外遭遇雷电天气时的正确做法——抱头蹲下,以及错误做法——雷电来临时拿自拍杆拍照(图 2.31)。

图 2.31　《第一时间》主持人演示身处户外遭遇雷电天气时的正确做法

通过这样具有表现力的演示,用户获得的信息是具有感染力和画面感的,天气数据得到了很好的诠释,公共气象服务想要传达的防灾理念,也会有效地渗透进用户的心中。

2.6　"耳目"——新的虚实转换

虚拟演播室技术带给传统电视天气预报节目的是一场巨大的变革和创新,让电视天气预报节目有了更多的想象空间和创新空间,让天气元素、天气成因这些看似枯燥、专业的、有距离的数字真正地从科学的"神坛"走下来,让气象服务实现了从专业的科学化和精准化到服务的科学化和精准化。就像英国一位专家所说,虚拟演播室的"The only limit is imagination",换句话说,对于虚拟演播室技术的应用只有想不到没有做不到。虚拟演播室技术的发展让天气预报有了耳目一新的包装体验,天气的表达已经不仅仅是信息的单一、单向传递,更多地能够呈现出集合式、场景化的表达。

虚拟演播室技术在气象影视节目中的应用大致分为三个阶段:演播室场景、天气信息的表现形式从二维平面到三维空间的拓展是第一阶段,天气信息虚拟场景再现和穿戴沉浸式互动场景再现则是虚拟演播室技术在天气预报类节目中的第二和第三个阶段。尤其是虚拟增强现实技术,更是让天气预报信息的表达立体了起来,受众的体验也开始经历从被动接受到主动互动、从"旁观者"到"亲历者"的变化。

2015 年,气象影视节目开始尝试应用 AR 技术,拓展气象服务的服务领域和互动体验;虚拟现实技术沉浸(Immersion)、交互(Interaction)和构想(Imagination)的 3I 特性,在视觉、听觉、触觉等多通道感知方面给受众带来临场感,提供受众适人化的人机操作界面,通过沉浸和交互感激发参与者跨越时空界限的科学创想。

目前,气象影视发展必须主动适应全媒体环境的转化,在多元媒介传播格局下,气象信息服务美好时代需要更多的信息融合和手段创新。天气信息服务必须从单向传播、单点服务到场景化信息服务的转化;为了满足人们多样化获取信息的需求变化,气象信息的表达必须揣摩受众互动和参与的心理。气象信息被越来越多地应用于旅游、交通以及国家战略中,气象信息服务与时俱进,已经超越了阴晴冷暖的简单表达。不仅表达天气信息,同时把天气信息的服务场景呈现出来,通过天气场景的还原和再现表达,让电视观众或者服务受众能够身临其境地感受到现场环境中天气的真正影响,还原的已经不再是一些客观冷静的数字,更多的是一种天气所带来的实时影响,同时主持人与场景进行融合互动,让气象服务的传播效果更加真实和形象直观。

AR 在气象影视中的应用主要表现在以下三个方面。

(1)气象科普体验,尤其适用于气象防灾减灾。在全球变暖的大背景下,近年来我国极端气象灾害多发、频发、重发态势日趋严重,造成的损失和影响不断加重,应对气候变化和防灾减灾形势十分严峻,我国广大群众防御气象灾害的知识与能力仍然不足,全社会参与应对气候变化的意识和能力依然很弱。这要求我们必须切实增强责任意识,加强面向公众普及应对气候变化、防御气象灾害等科学知识,提高全社会参与应对气候变化行动能力和公众防灾避灾、自救互救能力。为了全面提升全社会防御气象灾害和应对气候变化的知识和能力,通过虚拟现实技术,真实再造极端天气灾害场景,通过体验者对极端天气现场的视觉、听觉、触觉的多感官体验,让体验者对气象灾害本身有更加直观的认识。

例如台风是危害力最大、破坏力最强的一种天气现象,因此,我们通过现实虚拟增强技术,从台风的外形、结构、原理、影响多方面进行科学解析,同时模拟台风影响真实场景,让体验者在身临其境中对灾害及其防御有更加深刻的认识。2016 年台风"尼伯特"影响期间,主持人置身于福州的风雨影响中,通过广告牌被刮飞、树被刮倒等现实场景的演绎辅之以声效，一方面逼真地科普12级风力可能带来的风雨影响，同时提醒普通观众在台风来临时注意防灾减灾的方法和手段，是科普也是视觉盛宴，增强了灾害性天气传播的魅力和传播效果（图2.32）。

场景转换方式（参考美国气象节目）

场景转换，主持人置身于真实的外景环境中，随着台风的增强，周围的环境配合逐渐被破坏，树木，电线杆，广告牌等…
虚拟背景+前景增强 景区B

虚拟背景-演播室的延伸指接↑

虚拟背景自由互换

在绿牌虚拟中设置和实景风格一致的景区，主持人由A-B，实现无缝跨越，虚拟背景大屏可以兼顾信息窗口的作用
然后经过巧妙的转换（待设计），场景变化为微缩的沿海区域地形。
景区B
虚拟背景+前景增强

图 2.32　气象场景转换在台风科普中的应用

以上是主持人的现场体验通过虚拟合成技术实现台风影响现场的虚拟场景。同时，还可以通过穿戴设备，例如戴眼镜的方式，让受众通过感官触动的方式实时体验风雨影响，实时体验14级风力刮在身上的摇晃、雨点打在身上的刺痛和冰凉的感觉等等，对于什么是14级的风、什么是台风带来的危害，相信不用主持人多说，灾害天气带来的恐惧以及对于个人的实时影响，观众会有切身和难忘的体会，那气象服务所要传达出来的"防灾减灾、服务大众"的目的相信自然会深入人心，相对于文字和别人的解读都没有自己的亲身体会和感悟最能记忆深刻。

同时，天气现象在现实生活中很难随时体验，如南方的孩子没有办法看到雪景，北方的孩子也极少能体验到台风。同时，一些恶劣天气的现场体验也具有较高的不安全因素。然而通过虚拟现实的手段，则能够很好地解决上述问题,通过虚拟环境模拟出气候状况,体验者可随时感受不同的气候、天气环境,增强对气候环境的科学理解。

我们也可以将各种天气现象集成在一个虚拟情境中,让受众多方位体验灾害性天气现场。例如图 2.33 的场景设计,带上 VR 眼镜后,体验者首先看到的是峡谷中的吊桥,以及正常晴朗的天气;随着体验者沿着吊桥往前走,会先后体验到暴雨→大雪→龙卷风→沙尘暴四个气候场景。

图 2.33　虚拟灾害性天气现象的场境设计

场景具体设计如下:真实的吊桥和场景中的吊桥的设计合二为一,体验者戴上眼镜,感觉自己真的身处山谷中的吊桥,同时他也跨上现实中的吊桥;刚开始,眼镜中通过 360 度拍摄,营造出一片开阔的场景,晴空万里,温度适宜,体验者心旷神怡;紧接着通过周围色调的由明到暗、风雨雷电等声效的氛围调节,加上体验者脚下吊桥的晃动,体验者先后经历了狂风暴雨的变化,甚至真实环境中制冷设备配合场景开始制冷,参与者能够感受到类似雪天的寒冷;此时场景中出现暴雪预警标志,并通过语音提示参观者注意雪天防寒防滑等,甚至我们还可以制作雨点、雪花飘落在体验者的身上。于是,原本是枯燥、乏味的防灾减灾科普知识,刹那间变成了一部极生动的体验课,给人留下深刻的印象。

(2)除了灾害性天气的现场表达和还原,通过感官体验增强防灾减灾意识之外,AR还可以强化气象信息的场景化服务,充分体现气象＋的传播理念,例如气象与旅游、气象与交通甚至是气象服务国家战略等。

旅游和天气气候之间的关系非常紧密。实时的天气变化(例如昼夜温差的大小以及阴晴雨雪的变化)决定了旅游者旅游体验,甚至决定了旅程的变化,而气候则是旅游目的地的景点特色。旅游者往往对旅游目的地充满了期待。2015年气象影视首次利用AR技术对旅游气象服务做了一次创新尝试。以旅游者的第一视角去看将来时态下旅游目的地的天气变化;将气象服务定格在特定的场景中,让气象服务找到了落点。例如玉龙雪山的星空、漂游在高原上的旗云、不同海拔的紫外线指数等,让未来气象服务有了现实的感受和预期;拓展了气象服务的内涵和外延,气象与社交平台、气象与商业平台之间都有了实时的互动;

(3)AR技术的虚实转换也给气象的综合性参观有了创新和尝试的空间。利用360度拍摄,采用VR,让参观者能够以第一视角体验中国气象频道天气预报节目的主要空间及流程,包括2层传输机房中主持人听专家讲解天气、3层化妆间主持人化妆、1层演播大厅四种设备区完成不同的演播任务等(图2.34)。让每一位参观观众都获得满意的参观体验。增强了参观的互动性和灵活性。

图2.34 参观者以第一视角体验中国气象频道天气预报节目的主要空间

2.7 空间创意与叙事——《凤凰气象站》

《凤凰气象站》作为国内最早使用虚拟演播室技术的气象节目,其"虚拟"之路一直保持迭代创新,而其中很多创新,都是围绕着叙事创意与需求展开的。因为,只有在目标导向的驱动下做出的创新,才会收获更精彩的果实。

2.7.1 "虚拟"之路上的精进与突破

自 2005 年 1 月 1 日开播以来,《凤凰气象站》有默默坚守,也有不断突破。坚守的是"心存高远、刚柔并济"的个性品格,同时也是"有情怀、有温度"的叙事风格。由于在叙事风格上的多元创意,使我们意识到演播室空间需要进行颠覆性突破。于是,该节目十多年来几经改版。从传统演播室到虚拟演播室,再到 AR 技术的加入,《凤凰气象站》的技术迭代之路,围绕着叙事创意的需求,始终保持"正在进行时"的状态。

1. 虚拟演播室技术让"虚拟"照进"现实"

虚拟演播室,是用软件来生成背景和道具,可以制作出真实演播室无法实现的效果,视觉效果得到突破。其空间不受物理空间限制,摄像机可以360°旋转。它可以引入大量虚拟特殊环境与道具,在很大程度上摆脱时间、空间和道具制作方面的限制,获得更大的创作想象空间。当现有技术无法满足业务需求,为了更好地表达"现实",满足节目叙事需求,以及对于数据、信息可视化的强烈渴望,我们选择使用虚拟演播室技术来制作节目。

2. AR 技术为想象插上翅膀

如果说,引入了虚拟演播室技术的气象节目,给制作过程增加了更多想象空间,那么 AR 技术的应用,就更像是给想象又插上了一对翅膀。AR 技术是将现实世界信息和虚拟世界信息叠加集成的新技术,是把原本在现实世界的一定时间、空间范围内很难体验到的实体信息(如视觉、声音、味道、触觉等），通过电脑等科学技术模拟仿真后再叠加，将虚拟的信息应用到现实世界。这样，现实的环境和虚拟的物体实时地叠加到同一个画面或空间存在，被我们感知，从而达到超越现实的感官体验。该技术在气象节目实践中的应用，大大提高了气象科普、天气公报等大量文字信息的可视化程度，也给数字信息的可视化开辟了新的渠道。与此同时，一些图片、视频在使用时，也有了新的展现方式。乘着 AR 技术的翅膀，气象节目展现出了更大的可看性和表现空间。

2.7.2　追梦路上的思考和选择

随着技术的发展，我们的气象节目得以呈现出来的表现方式、叙事风格，与我们对气象节目的想象在逐渐接近。这其实是在用技术的发展帮我们实现心中的梦想。在这个追梦的路上选择很多，怎么选？又如何去思考？

1. 左手 AR，右手 VR，怎么选

常常和 AR 技术一起进行比较的 VR 技术，是把原本在现实世界的一定时间、空间范围内很难体验到的场景，通过科学技术，模拟仿真形成三维虚拟环境，使用户沉浸在该环境中，产生身临其境的感觉。

VR 技术因为使用户有了更沉浸式的体验，对现实环境有完全彻底的颠覆，因而在时下显得更炫酷。然而，我们始终要明确的是，使用一项新技术，是一定要基于自己的诉求出发，要和自己的节目进行匹配。

2. 尽情想象，但要避免无谓的"炫技"

当我们遇到重大天气气候事件的时候，VR 技术，会以其身临其境的体验，受到用户青睐。而在日常情况下，作为常态化的气象节目，我们承担的更多的任务是气象信息和科普信息的翻译传达，制作是依托演播室来完成的。那么炫酷的、完全沉浸式的 VR 技术，并不便于我们常态化节目内容的传达。因而，与 VR 技术相比，AR 技术更适用于目前气象演播室的环境，因为 AR 在使用过程中是基于现实且保留现实，能将现实做信息化处理，增强实际产品的信息化和可视化；而 VR 则是完全沉浸式的虚拟空间，几乎是完全与外界隔断的。而且相比于 VR，AR 的体验更容易实现，体验成本更低。

2.7.3　空间叙事与创意实践

1. 前期策划,让叙事完整有看头,让节目新颖有看点

虽然天气是多变且善变的,但是它也有气候性的规律,以及有天气预报的前瞻性为我们的策划做背书。具体到怎么实施,其实就是:对内容和形式的策划,一定要二者并举。内容方面的策划,能帮助我们理清思路,使节目叙事完整,更有看头。形式方面的策划,会使我们有充分的时间和空间去实现想象,让节目更有看点。

对于《凤凰气象站》来说,为节目形式策划提供重要抓手的,就是 AR 技术。

例如,2017 年 6 月 29 日播出的《凤凰气象站》,该节目在前期策划时,内容方面大的方向是做气象科普,讲故事般地娓娓道来建筑和雨水的关系,以及大家见过但却不甚了解的下蜃景现象,这是内容的选择。

当与具体的实时的天气信息结合的时候,也要考虑天气信息的选择。现在我们利用全媒体产品平台的优势,可以大量浏览近期的天气变化趋势以及天气重点。这就像是去超市购物,货物琳琅满目,品种丰富,如果拿着一张购物清单购物,就会神清气爽。所以,在面对海量天气信息的时候,我们一定要形成一个清晰的思路,按清单"购物"才能不被海量的信息淹没。再来看该期节目形式方面的策划,就是利用 AR 技术,在演播室植入不同的虚拟模型(图 2.35),在演播室内打造全新的虚拟空间,给予文字信息、数字信息耳目一新的可视化表达。

说来简单,其实在这个大的思路之下,是细化到色彩搭配、模型选择、模型搭建、主持人走位、互动等很多方面的提前策划和准备。与此同时,节目的基调、观点、态度、节目节奏、情绪、音乐音效,以及主持人服装造型、语态等等内容,也要提前做好准备。其实应该说,对节目表现形式的思考,是贯穿节目策划、录制乃至后期包装全过程的。而以上种种,在节目录制之前,都要落实在节目脚本里(图 2.36)。

图 2.35　《凤凰气象站》节目在演播室植入不同的虚拟模型

图 2.36　《凤凰气象站》节目主持人提前准备走位

2. 中期推进，反复磨合调整

在策划好了节目内容，为节目定好了基调，并且形式方面的策划也都进行了充分的思考之后，就是兵分三路进入节目制作的中期阶段了。其一，是按照策划内容进行 AR 效果模型的制作，其二，是进行文稿及脚本的撰写，音乐音效的选择，还有图形图像的加工制作，其三，就是协助主持人进行服装的选择，语态的把握（图 2.37）。

在模型制作完成之后，要开始进行模型效果检验、修改，这个过程，需要反复多次，才能进行最后的安装。例如，在 2017 年 6 月 20 日的这期节目中，江南檐廊模型，还有华南的骑楼模型，都是借鉴了大量实景图片进行建模的，但是在检验效果的时候发现，模型会和主持人走位有冲突的地方，或是展现效果不好的地方，于是又进行反复修改，以达到虚拟空间的栩栩如生（图 2.38）。

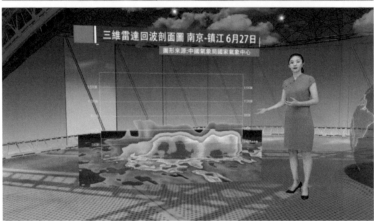

图 2.37　《凤凰气象站》节目中期推进,协助主持人进行服装的选择、语态的把握

图 2.38　2017 年 6 月 20 日《凤凰气象站》节目，效果检验时发现模型会和主持人走位有冲突

　　另外，在下蜃景模型的检验中，它的动态效果展示最为关键，也就是说，AR 效果的模型制作出来以后，要在前景上加上类似于水波纹一样的效果，以及在路面上加上类似于镜面的反光效果，这也经历了不断的调试过程，才达到基本满意的效果（图 2.39）。

图 2.39　《凤凰气象站》AR 效果模型

3. 后期包装,整体效果呈现

AR 技术虽好,但是它也还是整期节目的一个重要展现手段,在节目录制完成之后,还需要进行后期的加工,尤其是音乐音效的加入,可以起到调节节目节奏、烘托情绪的作用。对于一期完整的空间叙事与创意节目而言,这虽然不是必选项,但用得好的话,一定可以成为加分项。通过前期策划,到中期磨合,再到后期的包装润色的全过程之后,一期超越现实感官体验的节目就算制作完成了。

2.7.4 实践体会

在《凤凰气象站》节目实际应用 AR 技术,对虚拟空间进行创新改造的过程中,我们最大的体验就是,虚拟空间被彻底转换之后,非常有感染力,对于创作者而言,天气预报不再是一种呈现形式,它有了无限可能,对于像《凤凰气象站》这样资讯服务类的天气节目,也有了更多叙事创作空间。与此同时我们也感慨于,利用 AR 技术来进行的虚拟空间创新,需要较多的提前量进行制作和调试,需要进一步加快 AR 技术常态化应用的脚步。好在,我们已经在这条路上进行探索,并有所收获了。愿新技术,能够为公共气象服务助力,让我们不但插上想象的翅膀,而且,还能够飞得更高更远!

2.8 多元虚拟创新——CCTV2《第一印象》

《第一印象》是在 CCTV2 经济频道大型早间新闻节目《第一时间》中播出,每日 2 档,播出时间分别为 7 时 10 分和 8 时 57 分,两档节目分别以"小细节、大天气"以及"最天气"的主题定位与大家见面,两档节目总结天气对大众生活影响的角度和当下天气突出的特点,充满早间味、人情味。

"小细节、大天气"强化气象信息的新闻资讯感,从天气"小细节"入手,引入天气预报信息中的"大数据",以实景拍摄展示"此刻"天气,同时以生活化的语态,轻松有趣的方式聊"未来"天气,"最天气"从天气预报趋势中挑选出即将造成影响的重点天气要素,通过主持人对当天天气的全局解读,总结出个人角度的当日天气之最(最小资的,最意外的,最张扬的,最低调的,最适合带宠物的,最该来杯咖啡的……),并阐述"之最"的理由。同时《第一印象》启用了全新主持人阵容,四位主持人各自有亮丽的形象以及鲜明的个人风格,以轻松活泼的语言风格"聊"天气,强化独一无二的早间气象节目品牌。CCTV2《第一印象》还通过探索应用最先进的虚拟技术,借重大气象服务的契机,在天气实景、预报、天气演绎,天气科普等方面进行多元创新,提升节目的品质,完善节目的风格,使节目在虚拟技术的助力下呈现出崭新的面貌。

2.8.1　虚拟创新 要内容先行

"内容为王,形式是金"是制作人对电视节目制作、分析、评价应有的价值标准,它可以解决电视节目制作过程中的一系列观念性、操作性难题。电视天气预报节目作为专业性较强的电视节目,最根本的是要有科学性、贴近性和服务性,尤其要在内容上为观众提供生活化、精细化和多样化的服务,以及细致的、充满人情味的关怀和服务。胡经之先生提出艺术美是形式美和内容美的完美统一,缺一不可。两者是相互联系、相互依存的关系,行事如果孤立存在于艺术作品中那就构不成艺术美。电视天气预报节目的节目包装也是如此,虚拟技术手段所表现出来的美仅仅停留在感知层面,是形式美表现,深入到心理认同层面才是内容的美。所以任何虚拟技术的创新,都要以精准贴心的内容服务为依据。

2015 年 8 月 8 日的 CCTV2《第一印象》制作了台风"苏迪罗"的特别节目,制作前期经历一周左右的资料收集和内容策划时间。首先将节目的内容分为了三大组成部分:实况信息(台风已经产生的影响)、预报信息(天气即将可能产生的影响)、天气应急(以预报结论为基础的危险天气应急提示)。进而将三大部分的信息要点和信息痛点进行梳理和总结,例如实况信息中常常说降雨量达到多少毫米,但观众很难利用毫米这个信息,明确理解降雨量级造成的影响,所以这个就被栏目组梳理总结为信息痛点,所谓信息痛点,就需要进行解释并搭配合适的电视手段比如虚拟技术进行视觉呈现。在梳理总结完之后,栏目组的策划团队对节目的整体风格进行了统一,并对各个内容部分进行了大致的视觉设计,并拟写节目脚本(图 2.40,表 2.1)。

CCTV2《第一印象》策划思路

风格化全外景体验式预报

　　主持人在全外景环境中，以体验式的生动风格，直观形象得演示天气**已经或即将**对人们产生的影响，融入天气影响以及灾害防御的**微科普**，强化气象信息以及科普信息的通俗化、生活化展示。

　　节目时长：2分钟
　　节目形式：录播
　　主持人：徐丛林

CCTV2《第一印象》策划亮点

外景体验式

　　1、实况：生动传达天气已经产生的影响

CCTV2《第一印象》策划亮点

外景体验式

　　2、预报：与预报产品结合直观演示天气可能会产生的影响（台风的级别、风力、雨量……）

CCTV2《第一印象》策划亮点

外景体验与预报融合

　　在外景部分融入预报产品窗口

减少演播室和外景的衔接时间

展示节目主题相关的天气要素预报产品

精细化、动态化展示预报产品突出预报图形的直观清晰度和视觉舒适度

CCTV2《第一印象》策划亮点

外景体验与预报融合

　　在外景部分融入预报产品窗口

减少演播室和外景的衔接时间

展示节目主题相关的天气要素预报产品

精细化、动态化展示预报产品突出预报图形的直观清晰度和视觉舒适度

图 2.40 《第一印象》关于台风"苏迪罗"特别节目的策划亮点

表 2.1

文稿（小细节）	场景和结构	声画配合
台风可见光云图俯冲下来		紧张音乐
（半封闭街景、风雨雷电声）刚刚我们看到的就是气场强大、破坏力十足的 13 号台风"苏迪罗"，今天凌晨，随着它登陆台湾，台湾大片地区经历狂风暴雨。像是在台北花莲，24 小时降水……，这种雨在当地被形象地称为"豪雨"，道路积水几乎可以淹没到膝盖…	外景＋特效； 主持人演绎降雨实况	（1）镜头推到主持人，身后虚拟城市生长动画（楼房、道路、绿化）； （2）音效（风雨声、鸣笛声）； （3）水涨起来特效，淹没主持人膝盖。
…针对今年第 13 号台风"苏迪罗"，中央气象台发布台风橙色预警。早晨 5 时它的中心位于距离福建福清 xx 公里的海面，强度为超强台风。预计今天晚上，它会再次在福建这一带沿海登陆。	外景＋特效； 主持人＋口播大致登陆信息（次日配音）	（1）主持人身前出预警字幕充屏换场景； （2）侧面嵌入"屏幕"，内装虚拟立体台风＋海水动画； （3）虚拟立体台风＋登陆信息（字板：更新最新详细信息）。
…在"苏迪罗"的影响下，未来 24 小时，台湾以东洋面、台湾海峡，将会出现 7 级以上大风；而在更靠近陆地的沿海地区，像浙江沿海、福建沿海，对我们日常生活影响是最大的。	外景＋屏幕； 主持人 ＋ 大风信息	（1）主持人侧面"屏幕"＋大风区域； （2）大风区域，放大到陆地沿海地区。
…那么，在陆地上、7～8 级的风到底会给人们带来怎样的灾难呢？我们……天哪！（随后主持人出画，树枝飞过来），…… 幸好我躲过去，太可怕了，刚刚大家看到的就是 X 级风的威力…… 而更高一级的 9～10 级风，是这样的……（广告牌飞入）。	外景＋特效； 主持人结合特效解读风力	（1）虚拟的风雨和树枝飞、广告牌飞入等特效动画； （2）音效（风雨声、汽车玻璃碎裂声）。
……除了狂风之外，台风还会制造猛烈的降雨； 预计在未来 24 小时，台湾、福建、浙江多地，都会遭遇暴雨甚至是大暴雨的袭击，武夷山区还会出现特大暴雨的天气……	外景＋暴雨； 主持人＋精细化预报	（1）主持人侧面"屏幕"，有强降雨区域的地图模型（标有省名）＋旅游地＋小旗子； （2）虚拟的雨； （3）音效（雨声）。

续表

文稿(小细节)	场景和结构	声画配合
……降雨同时,多伴有强对流天气。强对流家族当中的雷电,就是一个不折不扣的暴脾气,破坏力那是相当大! 如果在户外空旷场地,打雷时候在水边逗留,可是大大错误。降低自己相对高度是对的……但是,自拍……就是不明智的了	外景＋特效; 主持人演绎"雷电逃生是 or 否"	(1)主持人演绎不同场景下,防雷避雷的合理性和误区; (2)配合"yes"或"no"的颜色,球从天上掉落

CCTV2《第一印象》2017 年 6 月 7 日的高考特别节目,也遵循同样的制作思路,首先针对上述节目内容的三大组成部分(实况信息、预报信息、天气应急)进行了总结梳理,寻找出与服务主题(高考)融合的切入点,以及对观众最有用的服务信息。在内容先行的基础上,对每一部分的具体内容设计最适合的视觉呈现方式,将视觉形式和节目内容有机结合,进行创新,因此,CCTV2《第一印象》对虚拟技术的运用,呈现出了非常多元化的特点。

2.8.2 外景体验 还原现场

2016 年是 VR 元年,VR 是仿真技术的一个重要方向,主要包括模拟环境、感知、自然技能和传感设备等方面。模拟环境是由计算机生成的、实时动态的三维立体逼真图像。用虚拟现实技术模拟出各种各样的天气变化,对观众具有很强的吸引力。尤其是利用虚拟技术可以模拟出许多人们无法直接观测到的情况,比如"风是怎么产生的""雷电是如何形成的"等。这种叙事模式把深奥难懂的天气化为一目了然的具象,使天气预报节目的表达更加直观、逼真、可信。

CCTV2《第一印象》台风"苏迪罗"节目就模拟出了台风带来的降雨实况现场,将 53 毫米的降水量,通过积水的大致高度直观形象地让观众对降雨量的概念、量级以及影响有了明确的感受(图 2.41)。

2.8.3 "360 度"全景 细节切入

《第一印象》节目经常会在节目中使用天气实景图片,将已经发生的天气状况通过天气实景展现给观众,但普通的天气实景图片通常视角有限制,而且是

图 2.41　《第一印象》台风"苏迪罗"节目模拟台风带来的降雨实况现场

拍摄者带给我们的单一视角。而 VR 全景是基于全景图像的真实场景虚拟现实技术,是虚拟现实技术中非常核心的部分,它是把相机环 360 度拍摄的一组或多组照片拼接成一个全景图像,通过计算机技术实现全方位互动式观看的真实场景还原展示方式。其特点为:(1)真实感强,无视角死区;(2)观赏者可通过鼠标任意放大缩小、随意拖动;(3)高清晰度的全屏场景,令细节表现更完美。在我们需要真实、全面、直观的表现某一场景时,VR 全景无疑是最好的选择。VR 全景就是视角超过人的正常视角的图像。例如在《第一印象》高考特别节目中,就使用了 VR 全景技术,展现高考现场的天气。通过主持人徐丛林引领,随意划动照片,看到了海口某个考场的不同角度、不同方向的状况(图 2.42)。

2.8.4　虚"实"转换　玩转时空

电视天气预报节目内容有不同的信息组合,这些信息组合有时会涉及空间和场景的转换,有些信息需要在虚拟演播室环境呈现,而有些信息在模拟出的"真实"现场表现更为合适,有时一档节目须在演播室和模拟"真实"环境间切换,切换方式利用虚拟技术就可以做非常巧妙的处理。

如图 2.43,CCTV2《第一印象》的高考特别节目结合考生的实际需求,赶考路上是高考的重要一环,节目将最新的 AR 技术应用到节目中,结合逐小时的雨水变化预报,让汽车"冲"出屏幕,把行车从路上搬到演播室,对赶考路上遇到雨

图 2.42 高考特别节目使用 VR 全景技术展现高考现场天气

水时的车速及车距做出即时提示。高考时天气又有什么影响？温度！节目利用 VR 技术，模拟高考教室场景，让主持人从演播室"走"进高考教室，进行体验式讲解。

图 2.43　高考特别节目利用 AR 技术让汽车"冲"出屏幕,模拟高考教室场景,
让主持人从演播室"走"进高考教室

2.8.5　天气模拟、光影毕现

利用虚拟技术模拟天气现场,在气象影视节目中已不属少见。但随着虚拟技术的不断提升,在被虚拟还原的"真实"现场,需要考虑更多细节的呈现。如图 2.44,在《第一印象》的高考节目中,主持人徐丛林跨进模拟的高考教室之后,继续展示下午的温度和雷电天气对考试科目(比如数学)的影响,以及考后回家路上的影响。为了能体现出天气的变化,节目在策划阶段就在设计高考教室场景时加入了窗户和挂钟部分。随着时间的推移,挂钟指针转动,窗户透进的光线逐渐变化,明暗也逐渐调整。在提示雷电天气的同时,窗帘开始飘动,窗外出现闪电。这种虚拟的细节体现,让观众对天气的感受更为真实,也让设计者的用心和节目的品质凸显。

图 2.44 高考特别节目被虚拟还原的"其实"现场

2.8.6 动态大数据"轻"服务

　　电视天气预报节目必然会出现的就是大量的气象数据，如何让这些数据在受众处的到达率和接收率更高？就需要把数据做一些二次解读和特定的形式处理。这期高考节目就对温度进行了分解，在全国温度图上，只用红色色块提示观众最需要关注的区域，去除了其他干扰数据信息，让厚重的气象信息"轻量化"（图 2.45）。另外，由于是在模拟的高考教室中呈现数据，所以巧妙地利用了高考教室场景中的黑板装置，并将天气图处理为粉笔图，让天气图在模拟的高考教室中毫无维和感，而且采用数据动态生长出现的方式，吸引观众的视觉，突出需要传达的气象服务。

图 2.45　高考特别节目让厚重的气象信息"轻量化"

2.8.7　表演式互动"微"科普

电视天气预报节目在进行重大天气服务时,难免要在节目中适时适当地进行气象科普,CCTV2《第一印象》节目选择科普内容的宗旨是"微"科普,也就是不能为了科普而科普,科普的内容要选择细小易懂的点,而且要对观众有实际用处,贴近观众的日常生活。而科普的形式,要有助于科普内容的通俗化,要让观众听得懂,记得住。比如,台风预警里经常提到,中心经过风力达到多少级,一般来说,观众没有追风经历,对台风的风力级别更是没有具象的理解。因此在台风"苏迪罗"节目中,选择了台风天对民众生活影响较大的一个天气要素——风,利用虚拟技术,模拟不同的风力等级,将主持人徐丛林置身在不同的风力环境下,通过他对不同风力的感受描述以及风力现场的声音和画面来生动展示不同风力带来的破坏力和影响(图 2.46)。

另外,高考节目对"回家路上开车遭遇雷电天气怎么办"进行科普时,就设置了沙盘小人,主持人手一挥,配合解说词,小人"退"回车内演绎,形象地说明了开车遇到雷电天气,车内比车外安全(图 2.47)。

2.8.8　创新要"雪中送炭"

虚拟技术仅仅只是气象影视节目的一种手段,不断提升虚拟技术的应用水

图 2.46　通过节目主持人对不同风力的感受描述以及风力现场的声音和
画面生动展示不同风力带来的破坏力

图 2.47　高考特别节目生动科普"回家路上开车遭遇雷电天气怎么办"

平,进行虚拟应用创新,也仅仅只是为了更好地配合节目内容,它必须和节目内容是契合的,必须是节目内容最需要也是最适合的展现方式。不然,过多的虚拟技术应用反而会打乱节目的节奏,干扰节目内容的表达。最好的虚拟创新,是观众对节目的形式有耳目一新的感觉,同时也对节目内容印象深刻,它可以为节目锦上添花,但更重要的是雪中送炭。

第 3 章 实战案例

3.1 高影响天气类虚拟产品案例

《天气聚客》虚拟演播室技术应用实例

《天气聚客》是 2015 年全国气象影视大赛创意类节目。这档节目创意的核心理念是探索三网融合环境下，重大突发性天气预报如何在第一时间多渠道、互动性传播，提升高影响天气预警预报防灾减灾的传播效果。

在这档节目中，虚拟演播室技术的应用和设计，对于展现气象信息的表达方式、提升节目的整体节奏、增强气象信息与电视观众之间互动性表达等都表现出了很强的创新性，对后来媒体融合、气象信息精细化表达、气象产品的可视化展现等都有比较大的影响。

节目的核心天气事件是：北京地区从南到北即将经历一次强降雨天气过程。节目以时间和空间变化为这次强降雨天气过程展开服务的两条线索，虚拟演播室技术通过场景设计和转换不仅有效地表达了强降雨的变化，同时也更形象地展现了这次强降雨的影响，起承转合，一气呵成。

【主持人开场】三网合一，汇聚风云，这里是天气聚客，我是丛林。我们的宗旨是为您提供最权威最及时的气象信息，现在是中午 11 点，我们的节目正通过手机电视天气频道、中国电信 IPTV 天气频道，以及中国网络电视天气台同步直播，您也可以通过 weibo.com 关注我们的网络微直播。非常希望您能参与我们，通过屏幕前显示的方式来签个到吧，把关注的天气话题推送给我们，丛林会在这一时段，与您分享，为您服务。

通过虚拟演播室技术制作一个具有透视感、科技感的演播室空间场景，突破了以往演播室空间局限性，大屏幕设计交代了三网融合的背景，罗列了传播渠道，同时兼顾视频窗的作用，大视频窗的设计让图片也有了很强的视觉冲击力。其中大屏使用了"滚动的雨滴"作为衬底，既突出了气象元素，同时暗含了节目内容主题(图3.1)。同时,演播室以淡蓝色为主色调,突出了科技感。

图 3.1 通过虚拟演播室技术制作的兼具透视感和科技感的演播室空间场景

【节目段落二】今天上午,全国总体的天气格局是南方高温发展、北方雨水渐多。像江南、华南大部分地区的气温现在已经达到了32度以上,正在往35度的高温标准冲刺,很少能找到雨水的身影;

但是北方,下雨的地方就很多了,黑龙江、吉林的大部分地区现在还持续着阴雨绵绵的天气,而且这样的天气至少还会持续3天。上一档节目我们关注的西安的雷阵雨,现在已经减弱了;与此同时,北京的雷阵雨已经拉开了序幕。我身后的天气随手拍里,也有北京的观众发来了关于这场雨的图片。

虚拟演播室场景设计中,通过"图片信息云"的方式展示受众定位信息,这些云信息悬浮在空中,模拟信息流的可视化表现(图3.2)。在表现方式上,云图片信息由远及近,逐渐放大,嵌入互动受众的照片、定位信息以及传输过来的"随手拍"图片。这一细节突出了节目的互动性和社交性,也是为了再次强调节目三网融合的大背景和节目直播特性。这样一个内容设置,也为强降雨的精细

图 3.2 虚拟演播室场景设计中,通过"图片信息云"的方式展示受众定位信息

化预报服务留下伏笔。

【节目段落三】通过最新的观众数据统计来看,北京的观众是最多的,占到了百分之四十二,大概也和这场雨有关。

数据可视化是虚拟演播室技术实现的一个重要方面,节目中通过饼图设计来有效对比观众分布状态,同时这次虚拟图形设计在和主持人的大小比例以及与主持人的互动方面都进行了细节设计,让主持人与图形的互动有信手拈来的效果,饼图也可以实现人前和人后的变动(图 3.3)。

图 3.3　节目通过饼图设计来对比观众分布状态

【节目段落四】那具体这场雨发展到哪了,我们来看一下最新的雷达实况。这场雨是从北京的西部和北部发展起来的,现在房山和石景山雷达回波都有大片的黄色和红色,也就是说天气表现是比较激烈的。

落地的视频窗设计和全屏的雷达图展现,主持人通过它们可以充分展示其肢体语言,科普雷达图与降雨天气之间的关联,通过雷达图来辨别降雨的大小(图 3.4)。

图 3.4　节目中落地的视频窗设计和全屏的雷达图展现

【节目段落五】来看看我们的观众有没有人在强降雨区附近。通过 IP 地址定位，可以看到现在观众牛人甲是离北京房山的强降雨区最近的（图 3.5）。就在 2 分钟前他还发了一条微博，说堵在了京港澳高速上。我们请他打开手机的摄像头，来给我们传一下他那里最新的情况。（堵车的视频，配音：我刚过杜家坎，有点堵，我要往首都机场赶呢！城区的雨大吗？我该怎么走啊？我同事在开车，我是导航仪！）

图 3.5 节目直播强降雨区附近观众实况

【节目段落六】你这一路恐怕都是有雨的，因为强降雨的区域会从西边和北边逐渐向东向南发展，我可以给你提供积水预报作为参考，12 点的时候，雨最大的地方主要是在西五环，因此，积水有可能大于 30 厘米的桥区，就是我们用红色标注出来的这些，主要是在西五环，1 点的时候，强降雨云系会到达西三环，西三环积水的情况会越来越严重，我们就拿莲花桥来说，12 的时候，积水会达到40 厘米，1 点的时候，雨势加强，预计积水会达到 80 厘米，要到 2 点以后才会好转，因为 1 点到 2 点，是主城区雨最大的阶段，大概 3 点以后，强降雨的区域会转移到通州、顺义一带。鉴于三环以内，特别是中心城区，排水设施相对要差一些，可能拥堵会比较严重。所以我建议开车的朋友在 2 点以前，如果可以的话尽量绕行四环，少走三环以内的路段。

　　这部分内容的虚拟演播室设计是本档节目的另外一大亮点。节目在设计的时候也是讨论了很久,怎么体现精细化的强降雨预报? 怎么能够在表现雨量变化的同时又能很好地结合北京的地形特点和交通路况? 让高影响天气的服务更加有针对性。于是,导演组在虚拟演播室设计过程中大胆设想,以天安门为中心,将北京四环铺设到了演播室的地面上,同时标注出四环上可能会产生拥堵的路段和桥梁(图 3.6)。另外,为了精细化强降雨服务,通过虚拟演播室技术实现利用降雨区域颜色的深浅变化、立交桥水位变化从而实时表现降雨区域和大小的变化。在介绍的过程中,时间和雨量柱的高低以及雨区变化在同一时间同步进行。主持人与地面信息实时互动,通过俯拍、特写等镜头语言表现数据变化,突出重点服务信息。

图 3.6　以天安门为中心,将北京四环铺设到了演播室的地面上

　　【节目段落七】当然了,四环堵车的概率虽然小,但是大家还应该注意安全车距的问题,因为雨水的强度和安全距离是成正比的,雨水越大,能见度也就越差,再加上道路湿滑,与前车的安全距离也就越大。同样车速也应该相应降低。西四环的雨马上就要下起来了,我们来看一下西四环的安全车距和安全车速的预报:在 12 点钟的时候,安全车速是 60 公里每小时,安全车距是 200 米,随着雨势的加强,1 点的时候安全车速是 40 公里每小时,安全车距能够加大到 400

米,要到2点以后这里的安全距离才会减小。我们再来关注一下其他路段的安全车距预报和车速预报,同时这些信息已经上传到我的微博里了,大家可以随时查阅,希望能为您的出行计划提供参考。

怎么样突出强降雨天气的影响预报?节目中设想了一个机场高速的行车场景。在传统的节目中,主持人会通过口播或者字幕的方式提示观众注意强降雨的发生会导致能见度降低、地面湿滑程度增加,需要加大车距防止汽车之间的碰撞和摩擦。怎么样把这样的服务信息进行可视化表现,增强传播效果。就像英国以为专家所说,对于虚拟演播室技术来说"the only limit is imagination"。导演组大胆在演播室中铺设了一段机场高速,融入汽车模型、字幕表现等方式,动态展示两车之间的安全距离。而且中间还加了汽车跑动、刹车的声效,使观念仿佛置身于机场高速的行车行列之中,对于可能造成的危害也是一目了然,有很强的提示作用(图3.7)。

图 3.7 在演播室中铺设机场高速,融入汽车模型、字幕表现等方式预报强降雨天气

【节目段落八】现在中央气象台刚刚更新了雷电预警,把预警级别从黄色提高到了橙色,我们来关注一下,从现在到14时,北京的强降雨区域会逐渐到达主城区,之后再继续向东向南转移。预计14时至20时,北京雨势减弱,河北中部和东北部以及天津等地将自西北向东南出现强雷雨;20时至24时,强对流云团会转移到至山东北部与辽东半岛南部地区(图3.8)。

【节目段落九】这个时段的节目快要结束了,我们再来关注一下话题云,看看大家还在关注哪些话题,除了雨水的话题之外,很多人在关注闷闷和热 shi 了,估计是南方的观众吧!的确不光是温度高,江南华南大部分地区的湿度也都在百分之四十以上,所以体感温度是很高的,随着气温的升高,大家的体感温度还会更高。

图 3.8　节目中的雷电预警

　　虚拟演播室技术很重要的一部分内容是互动,只有让信息动起来、活起来,才能吸引电视观众的注意力。在这档节目中,导演组没有放过任何一个可能会带来动态效果的场景设计。把这些表示闷热的、静态的标题条,跟随主持人的手挥舞"下"到了演播室场景之中,并且进行了重新排序。

　　【节目段落十】预计在 14 时,南京、上海、杭州、合肥的体感温度都会达到43°左右,排名第一的就是合肥了,达到了……度。所以防暑降温很重要! 关于气温的情况,下一个时段,下午 13 时左右,我们再继续聊(图 3.9)!

图 3.9　节目中的体感高温预报

　　对于一档高影响天气节目来说,及时发布、精准服务是核心。在虚拟演播设计的过程中尽管可以很"炫",一定不能喧宾夺主,所有的设计理念必须紧紧围绕节目所要表达和承载的核心展开。通过数据的可视化、服务场景化、内外场互动等方式,形成一个高影响天气的通常的信息集,让"服务与影响"高度契合、落地有声;在虚拟演播室设计中一定充分考虑两个外围元素,主持人的肢体语言和摄像师的镜头语言,这两点是虚拟演播室技术锦上添花、一气呵成必不可少的元素。

3.2 生活服务类虚拟产品案例

《凤凰气象站》虚拟演播室技术应用实例

《凤凰气象站》是一档生活服务类的天气预报节目,节目内容以人文关怀角度去解读天气信息,栏目包装整体大气时尚。这档节目也是中国天气预报节目中较早使用虚拟演播室技术的节目,从 2008 年改版至今,虚拟演播室技术在节目中的应用越来越深入,虚拟产品不仅包括三维虚拟场景(背景),还将很多气象科普虚拟产品植入到三维虚拟空间中应用,在空间尺度上多层次地展现多维度的虚拟演播室技术。

3.2.1 三维虚拟场景的设计与生成

《凤凰气象站》的三维虚拟演播室中的场景由 3D Max 和 Maya 软件生成,其中应用烘焙贴图技术构建并植入近似于高面数模型细节的低面数三维模型。所谓高面数模型(简称:高模)是高细节高精度的 3D 模型,它看上去细节逼真和丰富,当然面数也相当的高。低面数模型(简称:低模),通常是游戏里所使用的模型。《凤凰气象站》节目需要搭建三维演播室场景、主持人互动区和三维天气原件。如果一味追求这些大大小小的模型精细度,面数多了,无疑就给虚拟演播室系统的渲染机增加负担。因此,我们会根据虚拟渲染机的负载能力来规划分配好每一个模型和场景所占用的资源,避免所有物件同时加载全部虚拟植入场景时,虚拟渲染机因负载过大而出现死机的情况。在 3D Max 等三维软件里,我们运用烘焙法线贴图的方法,把灯光、高光、阴影、凹凸等等整合到贴图里,产生一些置换的效果,保证虚拟渲染机的运行速度正常,确保播出安全。具体来说,三维建模时,我们会对同一物件建两个模型,一个高模一个低模,两个模型外型上要一致。烘焙贴图前,低模要拆分好 UV,高模则不需要拆分 UV。然后,调整低模,让低模包裹住高模。接着,用渲染到纹理选中高模、低模进行渲染。在烘焙设置选项里,我们设置好输出贴图的路径和烘焙贴图的类型,点击烘焙按钮开始烘焙。

　　烘焙技术是在三维虚拟前景和背景均使用的一种建模技术。例如：我们在制作台风三维模型（图 3.10）和雷暴雨（图 3.11）三维模型时，就是高模和低模分别制作，保证两个模型外形大致上差不多，其中高模会有更多的细节，低模则是几个圆柱体的放样变形和叠拼，不需要所有细节都与高模一致。在简化模型结构细节的同时，我们会通过使用更高质量的贴图以及更丰富的表面材质等方法，优化植入虚拟天气模型。

图 3.10　《凤凰气象站》台风三维模型

图 3.11　《凤凰气象站》雷暴雨三维模型

3.2.2 网格识别方式的摇臂摄像机跟踪

《凤凰气象站》节目中主要使用的摇臂摄像机,从开场的俯视摄像机视角推进三维虚拟场景的中心位置,并配合主持人的入场,随后摇臂摄像机跟踪主持人的站位,将其放在屏幕的黄金分割点处。随后摄像机根据主持人的讲解推拉摇移镜头,使主持人在全身和半身景别间进行衔接置换。虚拟演播室的主持人和实景绿箱的最终合成效果取决于虚拟演播室三维虚拟背景的立体透视关系能否及时跟上现场真实摄像机的变化。摄像机跟踪系统的作用是将摄像机的运动参数实时取出,并加入虚拟摄像机生成的虚拟背景场景。根据演播室摄像机运动的位置显示出正确的透视关系,从而使真实的摄像机和虚拟的摄像机能够同步运动。

我们的摇臂摄像机使用的是图形网格识别方式。这种方式是通过间接的方法,即对摄像机所拍摄图像的形态识别和分析来确定摄像机的各种运动参数,它用不同色度(如深绿和浅绿)组成的网格幕布。实际拍摄时,得到的是深绿色及浅绿色格子图案组成的背景,利用电平差,可将浅绿色格子图案从背景中分离出来。因为每个格子的图案是不同的,所以计算机能够通过识别网格图案的变化来获取摄像机的运动信息。我们在实际应用中,前期在图形工作站内制作三维虚拟场景时,需要考虑演播室绿箱里网格所在的方位和网格内原点所在的坐标,以此作为图形工作站内三维虚拟场景的坐标对应处理,这样在导入虚拟演播室系统时,场景不会出现错位,与摄像机的跟踪能够匹配上。当然,在这个过程中,因为背景是两种色度的绿色,对色键的效果还是有影响,我们曾经也遇到过色键过程中的阴影很难处理的情况。

《凤凰气象站》节目中主持人为了配合节目效果,有些情况下会在虚拟背景和前景间穿梭,如图 3.12 所示,主持人在廊下躲雨时,穿梭在走廊和廊柱间,前后层的遮挡关系动态变化。这就用到了虚拟演播室系统的深度键技术。目前,深度键技术分为层次级和像素级两种。其中层次级深度键技术里,物体被分别归类到数目有限的几个深度层中,因此,主持人在虚拟场景中的位置无法连续变化。而在像素级深度键技术中,构成虚拟场景的每一个像素都有相应的 z 轴深度值,主持人在虚拟场景中的位置可以连续变化。《凤凰气象站》使用是像素

级深度键技术，虚拟物体和主持人可在节目中动态地相互遮挡，从而增加了虚
拟场景的真实感。

图 3.12　《凤凰气象站》节目主持人在虚拟背景和前景间穿梭

3.2.3　实物道具与虚拟植入物体的巧妙结合

实物道具常常会出现在虚拟植入和全虚拟节目中，它的作用是主持人

与实物道具之间的真实互动,借助图形工作站和虚拟演播室系统设计模块内的三维虚拟物体与实物道具间的大小 1∶1、坐标不变的置换,使最后叠加出来的效果是主持人与虚拟物体间的巧妙互动,而且往往能创造出更立体的空间感和层次感。如图 3.13,屏幕内有反射光泽的玻璃材质台阶,质感通透,台阶的设计加强了空间感、层次感。主持人走上虚拟台阶之后,继续在虚拟地图上完成气象数据图的解说。在演播室实际空间内,主持人踏上的台阶是一个用绿布掩盖的真实木质台阶,实物台阶和虚拟玻璃台阶如此巧妙的结合应用,无论摄像机使用全景、近景拍摄,场景都能给观众呈现出美妙的视觉体验。

图 3.13 实物道具在虚拟植入和全虚拟节目中的应用

3.2.4 粒子系统模拟云雨雪等特效

目前主流的虚拟演播室系统内都含有粒子系统,系统内置了常见的云雨雪等粒子发生器,并配置有粒子从发射、生长和消亡过程的各种参数设置。通过与虚拟空间的坐标对应,完成在空间内的展示。粒子系统模拟的云雨雪特效,在节目中很好地烘托出整个节目想体现的天气氛围,烘托出来的天气情境能够让观众产生共鸣,视觉上的享受也拉近了节目与观众之间的距离(图 3.14)。

图 3. 14　粒子系统模拟的特效在节目中很好地烘托出天气情境

3.3　天气体育类虚拟产品案例

《天气体育》虚拟演播室技术应用实例

　　无论是大型国际体育赛事还是小规模运动会或日常运动训练,都要受到气象条件的制约和影响。越是大型体育活动,越需要准确及时有效的气象预报服务保障和某些特殊的专项服务,气象是体育运动的好伙伴,体育天气节目应运而生。

　　体育天气节目 2003 年就在中央电视台体育频道制作播出,2004 年改版后在央视体育频道《早安中国》中播出,更名为《天气体育》。2005 年在晚间体育新闻中增加晚间档天气节目,突破性地制作了针对国内外大型运动会的系列现场天气报道。随着 2008 年的来临,天气节目可以说是加速更新,由原来的天气播报,到突出运动健康天气服务;到以科学客观的角度分析天气对赛事的影响;到以参与者的身份现场报道、现场解析天气。

　　2011 年,天气体育栏目组受央视邀请,参与青海湖国际自行车赛的现场报道,栏目组首次启用虚拟演播室,与前方报道小组联动,将赛场场景化进行精细化气象服务。

3.3.1 风格一体化处理

在虚拟演播室的设置上、主持人的服装、播报方式上都充分考虑到体育节目的特点,突出动感活力的节目特点,主持人语速稍快,突出比赛的适当紧张感。开场时,设置大俯机位,强调场景的宏观大气,同时将节目标志设置为演播室场景中的三维包装,"SPORTS"字母门转动开合,主持人从场内走出,镜头随之推进,镜头与场景动态配合,塑造整体节目风格(表 3.1)。

表 3.1

内容	效果描述	效果图
大家好! 欢迎来到风云变幻的青海环湖自行车赛现场!	字母打开,主持人走入	
环湖赛的魅力,来自于这里的高原风光,也来自于这里变幻莫测的天气,在这一刻由我开始,带您开启环湖风云。	出青海风景图片	
走进环湖赛的天气现场!	往 Cam 景别前进	

3.3.2 增加赛事现场时效

虚拟演播室录制和前方随时联动,第一时间获取前方报道组传回的赛事现场天气信息及画面,及时展现赛事现场天气实景并同时给予最新的赛场整体天气预报。虚拟系统里的数据策略能够以气象单点城市数据为基础,开发出节目里可自动读取城市报文数据,并直接生成未来相关时间段的,以任意三维或两维动画形式表现的天气预报节目所需的数据转换图形的表现形式。在城市预报数据的节目内容版块,可实时与节目主持人、贴片广告、预警信息等有机地组成一体,并可以按任意的时序节奏——手动、自动、手动与自动相结合的办法进行播出和控制(表 3.2)。

表 3.2

内容	效果描述	效果图
昨天,西宁一场突如其来的降雨,打乱了比赛的节奏。不少车手都纷纷换上了雨衣。青海的天气风云变幻,而自行车运动和天气之间真的是息息相关!	Cam2 景别,自行车视频	
那经历了昨天的降雨之后,今天的赛段将会以多云为主,气温也会在 5 到 25 度之间,感觉还是比较舒服的。	Cam2 视频切到图文工作站	

3.3.3　结合赛场地形和时段进行情境化预报服务

大部分体育赛事仅集中在几小时的时间段里,赛事气象服务需要注重精细化和现场感,因此,节目在虚拟演播室里设置沙盘来展现不同时段的不同天气状况,同时在沙盘上设计运动选手动画,模拟选手在各个地形上最主要影响的天气要素以及可能会面临的天气的影响程度。

虚拟系统具有实时三维地形地貌创建功能(表3.3)。系统能够自动读取地形坐标的高程数据,直接生成完全仿真的三维地形。这些地貌特征可随一天中的日照角度及天气情况进行实时的改动。此外,虚拟系统还可以在地形上空和表面实时创建云、雨、雪、泥石流、冰雹等粒子物体。这些粒子物体与地上触摸后的弹跳、滚落、消融等动作效果也能通过参数设置而契合真实的动力学特性。当在三维地形上空架起取任意景别角度的摄像机时,摄像机画面里可对三维地形地貌、天气现象和气象灾害现象进行远距离的或近距离的浏览,完成地形对赛事天气发生的可能性影响分析,突显出气象与体育的密不可分的关系。

表3.3

内容	效果描述	效果图
那天气看起来不错,但我们似乎忽略了一个因素那就是地形,从西宁和青海湖,从平地到山地,这地形的变化,会对天气产生怎样的影响? 我们首先进入今天的前半赛段西宁—日月山,也就是11点到12点之间,天气不错,以多云为主,气温在24度上下。而风力更是非常配合,3级左右的偏东风,可以让自东向西骑行的选手节省不少体力。所以总体来看,前半赛可以用一个成语来概括,就是顺风顺水。	切到Cam,摇臂向画右运动,镜头转到三维地图展示区; 下视频; 沙盘出现; 推进到第一赛段出字板1; 自行车运动员运动; 镜头拉起	

续表

内容	效果描述	效果图
不过在经历了好天气之后,从进入日月山区开始,选手们将会开始遭遇大风的考验。特别是刚刚进入日月山口时,运动员们还会遭遇到 6 级左右的瞬时大风,这是由于风在进入这个狭窄的日月山口时,由于受到阻碍,会瞬间爆发出强劲大风,风力如此强劲,而且风是影响自行车运动速度的最大障碍,那选手们该如何应对呢?	镜头推到日月山口,固定; 　日月山闪烁; 　日月山口字板出现＋气流演示; 　镜头拉起;	

3.3.4　一秒穿越呈现赛事气象"微科普"

　　在做专业赛事天气服务时,我们通常会因为缺乏实战经验无法确定天气对比赛的具体影响以及应对措施,而参赛选手是经验最为丰富的现场天气体验者。所以节目通过前方对参赛选手的采访了解各个天气要素在比赛过程中可能造成的影响,在节目内容中进行突出,同时了解在某些高影响天气下,参赛选手的战略战术调整,为体育爱好者呈现赛事气象之外的"微科普"。节目中在说到"风"的时候,虚拟演播室中模拟铺展赛事道路,及参赛选手位置分布,犹如主持人走进赛事现场(表 3.4)。

表 3.4

内容	效果描述	效果图
我们将会有机会看到包围式打法,也就是整个车队将主力冲刺队员包围在中间,以此来减少风阻、避免体力消耗,以便主力运动员在冲刺阶有最好的精力和状态。那观众朋友您不妨在这个时候找找每个车队的王牌车手。	三维地图消失,公路上,运动员车队上,主持人走到队形之中进行讲解,摇臂运动	

内容	效果描述	效果图
那么说到选手们的装备呢,不仅是看起来非常炫酷,而且非常实用。像今天,运动员们就要带上骑行眼镜,可以避免强光直射眼睛。流线型头盔,针对风阻;鞋套、雨衣,针对雨水;那么现在大家在出发前,起点天气非常晴好,所以有些装备就被收在选手背后的背袋里,当然看不见了。那到了后半赛段,观众朋友们不妨找找这些酷酷的装备。	转 Cam	sss

体育是被认为和虚拟技术最契合的内容,虚拟技术也最早被应用在体育电视节目中,仿真的现场感、赛事大数据等等通过虚拟技术都得到了多元而震撼的展现。

1. 虚拟重放系统在体育赛事中的定格重放和多视角展示作用

虚拟重放系统越来越多地应用于足球等球类比赛的直播节目。它可提供球场、队员及球的动态三维图形图像,还可以连续改变虚拟摄像机的拍摄视角。虚拟重放系统首先是选择一帧要分析的视频图像,将画面在这一帧冻结起来。接着冻结起来的二维视频图像变成球场、队员及球等相应的动画形式的三维场景。虚拟摄像机可围绕这一场景进行 360 度的"环绕"拍摄,因此,观众可从任意角度观看这一瞬间的比赛情况,呈现在观众面前的将不再是有裁判争议的或是难以判断的情况。这套系统需要事先存储体育场的三维模型,其次,准备素材需要几分钟的时间。虚拟重放系统将可部分代替慢速重放,可从各个角度模仿真实比赛的情况。气象体育节目中可以运用这种镜头定格和全视角的三维动画场景,配以天气信息的解读,丰富气象体育节目的图形表现形式。

2. 数字重放系统的轨迹显示作用

数字重放系统能迅速重放各种体育赛事的精彩场面。通过先进的视频跟踪技术,数字重放系统可突出显示并自动追踪关键运动员或球,显示他们的运动轨迹或路线,测量并显示运动员和球的速度以及两物体之间的距离。在这些视频图像上,系统能够直接描画各种箭头、轨迹、路线和体育标识。对于观众来说,数字重放系统可使他们更清楚地了解比赛中的每一个细节,从而能更好地欣赏比赛。对于体育评论员和球队教练来说,数字重放系统是一个理想的分析工具。

3. 虚拟出席让主持人在真实现场和虚拟场景间自由穿梭

虚拟出席是在基本的虚拟系统的基础上增加的一个特殊功能,它能将从远地传来的赛事直播实况视频无缝地组合到本地虚拟演播室。在体育赛事节目中,虚拟出席常常是将远地的赛事现场的记者与本地演播室中的主持人实时地结合在一个虚拟场景中,而不需要通过视频窗口。两个主持人可以在同一个虚拟场景中面对面地相互交谈、表演,而观众觉察不到两人分处两地。这一功能的好处是远地的节目嘉宾可以不必亲临本地演播室参与节目制作,他们只需到最近的演播室,便可实时且无缝地进入节目中。

国外已经有不少电视台应用了虚拟系统里的虚拟出席功能,完成赛事报道节目。比如在 2016 年欧洲杯瑞士与法国的小组赛中,法国电视台 M6 频道的女主播曾直接从演播室"穿越"到球场,并与现场记者进行交流(图 3.15)。而在 16/17 赛季英超首轮比赛切尔西对阵西汉姆联的赛前,天空体育的主持人在演播室内直接走入球场,穿梭于场上的球员之间,为球迷介绍两队的首发阵容。可以说,虚拟演播室系统为观赛球迷提供了一种全新且酷炫的视觉效果。

图 3.15 法国电视台 M6 频道的女主播从演播室"穿越"到球场

　　《天气体育》节目也是国内率先使用虚拟技术的气象节目之一,2016 年《天气体育》节目再次改版升级,力求提升虚拟技术和天气体育的贴合度,实现长足创新(图 3.16)。

图 3.16　《天气体育》节目使用虚拟技术实现长足创新

第4章 经验问答

4.1 场地环境

1. 建虚拟演播室有场地空间限制吗？

虚拟演播室对于场地空间没有特殊的限制要求，一般根据节目设计的虚拟场景的空间大小、景深、被拍摄对象数量及活动范围的要求、节目形式等因素设计绿箱空间大小。如果拍摄对象数量较少，且活动范围不大，机位视角差别较大，那么需要的色箱尺寸就小。反之，如果拍摄对象数量多，其活动范围较大，机位视角集中，那么色箱的尺寸就相应的大。

2. 根据材质不同，虚拟演播室背景色箱有哪些种类？

目前虚拟演播室背景主要有三种：玻璃钢蓝箱、木质蓝箱、专业阻燃抠像幕布。在三种虚拟背景中，抠像效果最好的是玻璃钢蓝箱和木质蓝箱，箱体牢固、表面平整无缝隙、箱面连接处弧度自然，经久耐用。其中，木箱制作灵活，可根据房间尺寸形状的不同，做出任意大小的色箱。玻璃钢色箱采用预制模板拼接，制作较快，但色箱整体尺寸及立面衔接弧度不能任意调节。专业的抠像幕布使用较灵活，搭建也比较容易，成本相对较低，但缺点是不容易打理而且使用寿命不长，特别是受材质特性及幅宽限制，抠像幕布拼接处易出现接缝或色差，立面间过渡不平滑易出现褶皱，不适宜在全身抠像时使用。总体比较，造价玻璃钢箱最高，木箱其次，抠像幕布造价最低；使用效果玻璃钢最好，木箱其次，幕布较差。因此，在设计时要根据实际需求，选择合适的虚拟背景。

3. 虚拟演播室背景色箱造型有几种？

虚拟演播室色箱的形状主要分为三种：采用三墙一底的 U 型、两墙一底的 L 型及一墙一底的一字形。其中 U 型色箱适用于多机位多景别全身抠像，特别是视角相对多的多人物访谈节目，但 U 型色箱对空间要求相对较高，一般 U 型色箱尺寸为：高 3~3.5 米，进深 3~4 米，宽 5~6 米。如果演播室空间尺寸较小可以选择 L 型色箱或者一字形抠像色箱。

4. 虚拟演播室地面有何特殊要求?

通常虚拟演播室使用中对地面无特殊的要求,整体平整、干净即可。但随着节目形式的丰富及广电技术的进步,轨道机器人、可编程自行走机器人在虚拟演播室中使用越发普及。轨道的铺装及机器人的行走对地面的整洁度要求较高,地面凹凸不平或存在异物,会造成机位的移动不流畅,出现画面抖动现象。特别是自行走机器人,其自身重量较大,除要求地面平整外,对于地面的强度也有较高的要求。

5. 虚拟演播室背景是采用抠像蓝箱还是绿箱?

目前主流虚拟演播室背景有蓝箱和绿箱两种,采用蓝箱是因为其在所有颜色中与其他色调尤其是肤色的反差最大,便于后期抠像处理。采用绿箱是因为部分白种人的眼睛是蓝色的,使用蓝箱会出现抠透的现象。无论是抠像蓝箱还是绿箱,只要色号、反光度及色彩均匀度满足虚拟演播室的使用需求都可以正常使用。因此,在设计时可根据节目形态,选用应与主持人肤色、服装及在前景中需植入的道具等色彩反差较大的背景色箱。

6. 为什么地面多使用抠像地胶而基本不直接刷漆?

抠像地胶对于蓝箱的作用就是为了保护蓝箱地面,避免蓝箱长时间使用后出现油漆掉了、破裂等问题。蓝箱地面是非常脆弱的,长时间受力,主持人穿皮鞋,特别是女主持人穿高跟鞋在蓝箱地面走动,很容易就导致蓝箱地面掉漆、破裂等问题。而使用抠像地胶就能够很好地保护蓝箱地面,使得蓝箱的使用寿命得以延长。

7. 虚拟演播室抠像地胶有特殊要求吗?

一般要求抠像地胶要耐磨、耐踩、平整无褶皱、易维护,无色差、无反光、全身抠像时无反色,建议选用宽幅地胶以避免过多的拼接。目前市面主流抠像地胶为双面双色,一面是蓝色,一面是绿色,可适用于蓝绿两种不同的绿箱。

8. 对于声音的拾取及噪音的控制要求是什么?

虚拟演播室的拾音空间首先是要具有较好的语言清晰度、可懂度,其次是要有良好的声音丰满度。能够抑制影响拾音音质的声缺陷,防止出现声聚焦、驻波、颤动回声、低频嗡声等。演播室的噪音来自多方面,既有演播室外部噪音,如建筑外车辆、周边人员喧哗等。又有演播室内部噪声,如空调系统、人员走动。噪声控制主要是采用厚墙体以及密封门隔绝外部噪音,采取厚管壁内贴岩棉送风管,演播室内侧墙面覆吸声岩棉。

4.2　灯光配置

1. 虚拟演播室对灯光选型有特殊要求吗?

虚拟演播室与实景演播室使用灯光种类相同,传统以三基色柔光灯及聚光灯为主。近年来,随着 LED 灯具的普及,数字化 LED 平板柔光灯、聚光灯逐渐代替了传统的三基色冷光灯。与三基色灯相比较,LED 灯具有光效率高、节能、寿命长等特点。

2. 虚拟演播室的灯光布设方式有哪些?

由于虚拟演播室的特殊性,采用了色键器消色的技术进行抠像处理,可以在现包括实景演播室在内的各种录制环境,因此,布光方式较为灵活。对于模拟传统新闻播报类的节目,人物光的布设可以借鉴传统三点布光法。对于为增强节目的互动性和真实性,主持人会在一定的区域内移动的虚拟节目,就不能采用新闻类演播室的三点布光方法,而要进行区域布光和立体布光,已满足在主持人活动范围内光线的统一。对于一些模仿自然界某一种天气或社会生活中的特殊场景,演播室一般采用仿真布光法,造成一种与自然仿真、雷同的效果,使节目整体换面真实而自然。

3. 虚拟演播室与实景演播室的灯光布设方式有何不同?

为了配合虚拟场景所涉及的场景环境,虚拟演播室灯光布设方式较为多样,对于需要再现室外环境的虚拟节目,甚至需要用演播室灯光直接模拟出实景环境光效果,以达到场景中的人物与不同虚拟场景融合的真实自然。此外,与实景最大的区别,虚拟演播室是利用消色技术,使人物融入虚拟场景。因此,除人物光外,还需要对背景色箱进行布光。虚拟演播室在布光时,要先布前景光。前景照度符合要求后,再对色箱进行适当的布光,绿箱不强调整体高照度,主要是避免局部出现光斑或阴影,布光使色箱整体色彩均匀,以满足计算机抠像的要求。

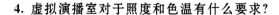

4. 虚拟演播室对于照度和色温有什么要求？

传统演播室背景光要比主光照度低,而虚拟演播室要追求光照的一致性,要求前景(主持人)与色箱背景的照度相匹配。同时由于虚拟演播室栏目的灵活性和电子背景的多样性,也要求虚拟演播室灯光的照度能够满足不同栏目、不同电子背景的需求。对于演播室整体色温,要求与虚拟场景所设定的环境相匹配即可。如,所设计虚拟场景环境为低色温,而演播室灯光设定为高色温,就会造成观众的感官差。

5. 为何虚拟演播室绿箱抠像的人物发绿？

首先要检查摄像机的白平衡是否设置好了。如果白平衡正常,那么可能就是因为绿箱表面的光反射到主持人的身体导致抠出来的画面发绿。可以按如下方法处理:绿箱布光尽可能均匀、柔和。对于小型的 U 型绿箱,可以尝试减弱两边的背景光,降低绿箱两边墙面对光线的反射;对于比较大的 U 型绿箱,有足够的取景空间,可以将两边的背景光朝主持人调整打光。对不影响抠像范围的情况下可以用黑布将 U 型绿箱的两边遮挡起来。对于腿部反光可以通过加设地灯提高腿部照度的方式降低地面反绿;此外建议在建设绿箱时将绿箱的墙面制作成斜面,使光线向斜上方反射以避免人物反绿现象。

6. 如何减少甚至消除前景物体轮廓的黑边？

明亮的色箱会使得前景人物的边缘看起来较亮,这道亮边将被色键中的消色电路消除,因此,合成后虚拟场景中前景人物的轮廓边缘就会形成一个黑色的边。这种黑边,可以通过适当降低背景色箱的整体照度,以减少对人物的反射,同时对前景人物施加少量侧光的方式来降低甚至消除。

4.3　技术设备

1. 虚拟系统包含哪些设备？

传统真三维虚拟演播室主要包含场景渲染及控制服务器、摄像机、定位跟踪系统、色键合成几部分构成,配以同步、延时等演播室周边设备构成。其原理是将服务器渲染的三维场景与摄像机拍摄的真实景物的图像,通过跟踪摄像机

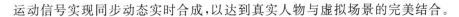

运动信号实现同步动态实时合成,以达到真实人物与虚拟场景的完美结合。

2. 虚拟演播室系统结构是如何设计的?

一般虚拟演播室系统分为共用及独立两种结构。共用式结构是采用共用虚拟场景生成系统的结构方式,多摄像机机位共用一套虚拟场景渲染系统,在前景机位切换的同时,通过延时控制,在虚拟场景渲染系统中实现虚拟场景的同步切换。独立式结构是采用一对一的通道化结构方式,即每个通道所对应的摄像机都包含独立的跟踪系统、虚拟场景渲染服务器、色键器、延时器,每个通道所输出的都是虚拟场景与前景人物合成好的视频信号,各通道视频信号通过切换台进行切换。

3. 什么是不同系统结构分析?

共用式虚拟结构系统构成简单,建设成本较低。但不同摄像机机位共用一台虚拟场景渲染系统,多机位间的场景变化运算量较大,视频延时现象较突出。独立式虚拟结构相对共用式虚拟结构,各通道虚拟信号自成一体,相互间不共享场景渲染、色键合成等设备,每个通道都可以作为单独的一路虚拟使用,因此工作效率较高,系统稳定性强,同时建设成本也根据通道数量成倍增长。

4. 虚拟场景渲染服务器作用是什么?

虚拟场景渲染服务器主要用于完成虚拟场景的渲染及输出,同时实时采集摄像机跟踪系统各传感器所传输的摄像机运动参数,最终渲染出与实际摄像机景别所匹配的三维虚拟场景以及作为前景遮挡的键信号。

5. 何为摄像机跟踪定位技术?

摄像机跟踪定位技术使虚拟演播室中一项关键的技术,虚拟渲染机通过跟踪信号获取摄像机镜头,采集或处理摄像机在演播室中的实际位置和运动参数,判别真实摄像机、人物以及虚拟场景的相对位置关系,从而实现虚拟环境与真实人物的运动关系的联动。

6. 虚拟演播室中色键器作用是什么?

色键器是实现虚拟演播室中不可或缺的设备,通过色键器可以将真实背景中的指定颜色去除,在虚拟演播室室中通常用蓝或绿作为纯色背景,色键器的主要作用是在去除背景中指定的颜色同时用虚拟场景替换背景中被去除的部分,使虚拟场景与前景人物完美合成。

7. 何为虚拟演播室中的无限蓝箱技术？

由于实际场地限制,蓝箱的物理空间有限,当摄像机进行推拉摇移时,拍摄的图像中会出现蓝箱以外的景物,在与虚拟场景合成时,这些景物也会合成到虚拟画面中,影响最终效果。而无线蓝箱技术就是通过外部生成的键信号,将前景视频图像中非蓝箱内的景物滤除,使摄像机的运动可以不受实际蓝箱尺寸的限制。无限蓝箱技术一般通过对实际蓝箱建模,然后根据摄像机实际运动参数,实时生成前景遮罩键信号,在合成时遮挡前景中无效的区域。

8. 什么是无轨虚拟演播室技术？

无轨虚拟演播室采用虚拟场景定位技术来实现虚拟摄像机的运动与三维场景的实时合成,无需传感器及跟踪设备。系统利用真实摄像机获取固定机位景别的前景信号,根据主持人与虚拟场景、虚拟摄像机三者之间的相对位置关系的变化,通过对三维场景的移动变化进行跟踪定位,实现虚拟摄像机的推拉、俯仰、摇移以及航拍的运动效果。相对于配跟踪系统的有轨虚拟演播室系统,无轨虚拟演播室系统简单、成本低,色箱空间要求低,操作人员少。但其也存在前景人物变焦受限、不适合多人物访谈以及主持人大范围活动类型节目制作等不足。

4.4　节目创意

1. 虚拟演播室节目制作与传统节目的区别有哪些？

与传统电视节目类似,一档虚拟演播室节目的制作在确定节目主题后基本分为构思创作、现场录制、后期编辑、审片修改几个阶段。不同的是,虚拟演播室节目的虚拟三维场景基本没有搭建真实景观所受的场地环境、自然规律、成本造价等的限制,在构思创作阶段可以充分发挥设计人员的思想。此外,真实场景的搭建由三维动画设计师在三维软件中所实现。对于主持人,因为在节目录制中没有真实景物可参照,相对于实景节目,需要投入更多的精力提前对虚拟场景及需交互的元素进行熟悉。

2. 虚拟演播室录制对主持人着装有什么要求？

抠像效果的好坏除灯光外,主持人的服装选择也同样重要。主持人的服装要避免与背景相近,白色或特别浅色的衣服也不宜使用,因为这些颜色不宜抠干净,会影响人物的边缘和背景的融合。

虚拟抠像时,主持人不应穿蓝色成分的衣服,因为它会被色键在合成图像中抠掉。还应避免穿质地太发光的衣服,因为它们的反射系数太大,会影响抠像的效果。由于当今的摄像机都为 CCD 摄像管,因此,主持人尽量不要穿细格子的衣服。因为 CCD 集成芯片对细横格子会引起垂直方向的白色拖尾,即闪烁现象,从而破坏了画面的表现力。

同时背景也会影响画面的表现力,根据自己的经验来说,蓝色系、紫色系、红色系的虚拟背景色彩明亮,整个场景给人很透亮的感觉。主持人的服装方面就要避免同一色系或是太跳跃的颜色。

3. 制作一档虚拟演播室节目需要哪些岗位人员?

同传统演播室节目制作相同,制作一档虚拟演播室节目除节目创作人员外,还需要灯光摄像、音视频、主持人等传统岗位人员。不同的是,三维虚拟演播室需要在节目前期需要一名三维动画设计师进行虚拟场景的设计制作及导入等工作,通常在演播室录制时,需要另设一名人员对三维场景进行切换。

4. 设计虚拟的大环境场景需要考虑哪些方面?

设计一档虚拟节目的三维场景主要从节目风格定位、场景元素类型、场景元素出现方式几方面来考虑。

5. 场景元素的设计应用原则是什么?

虚拟演播室节目的场景元素设计应利于节目内容表达,有助于观众更好理解节目信息,反之,再炫酷的元素也可弃用。

6. 虚拟场景元素在场景中的位置以及与主持人互动式的位置关系是什么?

虚拟演播室三维场景中的植入元素根据节目的需求可以作为人物的后景、旁边、全景。

7. 虚拟节目创作时内容先行还是场景先行?

不同于传统实景节目,虚拟演播室节目需要制作三维场景及植入元素已经导入调试等工作。因此,在确定节目主题及风格后,开始梳理内容细节及场景案例,原则上梳理出内容细节后再根据内容安排设定具体场景及场景要素。

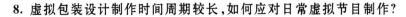

8. 虚拟包装设计制作时间周期较长,如何应对日常虚拟节目制作?

虚拟演播室节目三维场景在制作完成后基本不再做调整,场景中植入的三维元素因同样需要制作周期及与场景的联调。因此,日常虚拟节目中使用的三维植入元素,在节目上业务前与场景同步进行设计制作相关的模板,并在节目业务周期内根据需求逐步丰富和积累。

9. 气象数据信息视觉化的注意事项有哪些?

气象数据在三维虚拟中的信息视觉化应注意以下几点:

注重时间的体现:凸显气象要素跟随时间的变化。

注重选择最适合的视觉呈现方式:最想让观众明确的信息,例如想传达数据高低的变化,则选择折线或柱状;但想传递数据类型,则选择饼状图。

10. 如何利用虚拟元件做气象科普?

在利用虚拟元件做气象科普应把握简单实用的原则,不能为科普而科普。元件的设计无需复杂,应简洁清晰易懂为主。

4.5　虚拟场景

1. 虚拟场景搭建要搭建些什么?

虚拟演播室搭建要在虚拟系统中搭建整个虚拟演播室的空间,包括演播室的场地,各个功能区的功能模块,以及以后要与主持人互动的元素、动画等;在实景中植入虚拟场景时则需要根据实景尺寸搭建上述元素,要合理避开或遮挡实景中的实景物体,以免穿帮。

2. 虚拟场景搭建前要做哪些准备工作?

不管是搭建虚拟演播室还是在实景中植入虚拟,都要实地测量演播室的尺寸,长宽高各是多少,主持人的活动范围大概在什么位置,观察记录演播室内的灯光布局以及摄像机的布局,以便在虚拟场景搭建过程中心中有数。

3. 虚拟场景搭建会用到什么软件?

一般虚拟系统都有自带的虚拟场景搭建软件、编单软件(或播控软件)以及渲染引擎;在使用过程中也会用到一些第三方软件加以辅助,如平面设计软件

Photoshop 常用来加工一些贴图或图元制作，用合成软件 After Effects 做一些元素的合成和序列动画，用三维软件 3Ds Max 或 Maya 做一些三维模型导入到虚拟系统中辅助场景搭建。

4. 贴图制作中有什么格式要求，有什么要特别注意的事项？

虚拟系统对常用的图形格式都是支持的，常用的 .jpg，.tga，.tiff，.png 格式都支持；不同的精度需求的模型对贴图的尺寸要求也不同，精度越高贴图尺寸要求越大；虚拟系统因算法不同也有对图片尺寸的要求，有的虚拟系统要求图片尽量是 2 的次方，如果不是，会增加计算量，所以需要特别注意一下。

5. 序列动画使用有什么技巧？

一般使用序列动画制作一些重复的动作，如海水动画只用做一个循环的海水序列就可以在虚拟系统中制作出一直循环的海水；再比如鸟飞的动画，只用做一只或几只鸟飞动的动画，再在虚拟系统中做位移和循环动画就可以做出鸟飞动画了，可以再加上些云层图片在鸟的上层，可以做到鸟飞入云层再飞出的效果；还有一些光效都可以用序列动画来实现。

6. 场景搭建中面数一般控制在多少？

场景中模型的精度一般由模型面数决定，精度越高模型面数也会越高；控制面数的目的就为了在虚拟系统中节约渲染引擎的资源，同样面数的模型还会因为贴图大小、贴图中序列动画的多少、序列动画的长度等因素占用渲染引擎的资源也不相同；不同的虚拟系统中渲染引擎的渲染能力不同对面数的支持也就不同，不能单独来说场景搭建要控制在多少个面数以内，要根据实际需求决定。

7. 串联单的编写有什么需要注意的？

串联单一般是在场景搭建前期就制作好的，根据串联单的需求在虚拟中进行场景搭建和动画设置；在动画等设置完成后还要在虚拟系统的播控软件中进行编单，主要是根据串联单进行播出设置，不同动作为了方便修改要留有相应的引出项或者链接，方便在播控软件中进行修改。

8. 虚拟系统中素材管理要做哪些规范？

虚拟系统中一般都会对所用到的素材进行自动分类，包括场景文件、贴图文件等都会自动生成相应的文件夹。由于制作的节目会越来越多，还有可能从一台虚拟设备中迁移到其他设备中去，因而就要对素材存储进行相应规范。首

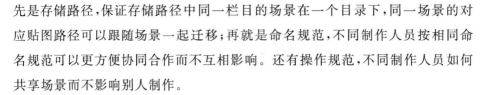

先是存储路径,保证存储路径中同一栏目的场景在一个目录下,同一场景的对应贴图路径可以跟随场景一起迁移;再就是命名规范,不同制作人员按相同命名规范可以更方便协同合作而不互相影响。还有操作规范,不同制作人员如何共享场景而不影响别人制作。

9. 导入三维模型需要哪些设置?

导入三维软件制作的模型时,要在三维软件设置计量单位和虚拟系统中的一致;要根据虚拟系统支持三角面还是四边面进行模型的设置;贴图文件一起导入时要存在虚拟系统指定目录内方便导入模型后重新指定贴图;还要设置模型固有色、双面显示等可能影响模型显示的因素。

4.6 定位跟踪

1. 目前有哪些跟踪技术方式?

虚拟演播室摄像机跟踪技术主要有图形识别、机械传感、红外传感以及超声波等方式。每个跟踪技术都有其特有的技术原理及系统构成,在建设中可根据自身业务形式及建设成本选择相应的跟踪技术。

2. 如何利用图形识别进行虚拟跟踪?

图形识别方式是通过对摄像机所拍摄的特定图像的形态识别、计算和分析来确定摄像机相对色箱的各种运动的参数。作为识别对象的图形通常是用特定宽窄线条分割的长方形网格,通过处理器对摄像机拍摄到的网格画面的实时处理及计算,确定摄像机相对于系统原点的 X、Y、Z 位置参数及云台的 P、T、R 参数和镜头的 Z、F 参数。

3. 如何利用机械传感方式进行虚拟跟踪?

机械传感跟踪方式是通过在摄像机镜头和三脚架云台以及摇臂、轨道车等承载设备上安装机械齿轮传感器来获取摄像机镜头推拉、机身俯仰、摇移等数据进行跟踪。

4. 什么是虚拟演播室红外传感跟踪?

在摄像机上安装红外发射器,同时根据摄像机活动范围在虚拟演播室安装两台以上的红外摄像头,通过调整使红外摄像头尽可能保证全方位拍摄到红外图像。将摄像头接收到的红外数据进行处理,通过三角测量法,获取摄像机在三维空间的运动状态。

5. 不同跟踪方式有哪些特性?

网格跟踪方式因单独一套系统即可支持多机位跟踪,建设及维护成本相对较低。但网格识别需要摄像机拍摄能够拍摄到足够数量级清晰的网络,限制了摄像机可安放的位置和拍摄角度,同时在摄像机进行特写镜头拍摄时,因可识别网格采样点低于规定范围,将影响跟踪效果。机械式传感跟踪方式使用稳定,不受环境影响。由于传感器要获取镜头和云台的运动数据,所以拍摄前需先进行摄像机定位,因此,一般用于固定机位拍摄。如在拍摄中需要移动摄像机位置,需重新进行基准定位。红外跟踪方式在特定范围内可实现机身运动参数的获取,因此,支持移动拍摄,但还需要配置机械传感或网格捕捉摄像机镜头运动参数。

6. 什么是光学跟踪技术?

基于光学的跟踪技术,不需要任何基准或者人为设置的跟踪标记,而是通过一个捕捉镜头自动识别并采集所拍摄环境中自然景物的位置信息点,可以捕捉摄像机位置、旋转、元数据以及时间码并形成标准文件,对摄像机的数据进行实时跟踪。可用于包括手持式摄像机拍摄。

7. 什么是虚拟演播室摄像机承托设备?

目前用于虚拟演播室摄像机的带跟踪功能承托设备主要有带跟踪云台的三脚架、摇臂、轨道机器人及自行走机器人等。

4.7　管理维护

1. 虚拟场景管理需要做哪些工作?

场景管理主要做权限的设置、存储的设置及对应规范、场景的整理和备份工作,以防由于人员操作不当或设备故障等原因造成场景丢失;多台设备时还要进行设备间的场景、素材同步工作,对于以后用不到的陈旧素材进行备份后删除。

2. 虚拟系统不同的版本之间能互相兼容吗?

一般来说,版本的升级都是为了修改低版本的不足和增加新功能,如果新版本中做的场景中使用了新功能,而低版本中没有这些功能的话可能会出现打开时报错、显示不正常或者打不开的现象;如果在新版本中做的场景没有使用到新功能,打开是没有问题的,而且能正常显示;低版本中做的场景在高版本中都能正常显示,高版本系统都是向下兼容的。

3. 虚拟演播室系统需要定期做哪些维护?

虚拟演播室需要做的定期维护有:虚拟渲染引擎需要定期(每个月)重启一次,控制 PC 主机需要定期清理场景、杀毒和清理插件,虚拟系统各软件需要定期检查软件版本是否需要升级,虚拟跟踪系统的齿轮、连接线接口等部分需要定期检查,看是否有磨损、松动现象等。

4. 虚拟演播室对摄像机及镜头的选择有特殊要求吗?

虚拟演播室对摄像机无特殊要求,只要摄像机有 SDI 信号输出接口即可。一般市面上常用的镜头品牌和型号均可应用于虚拟演播室系统,但前提是应用之前镜头文件需要做好。另外,如果虚拟演播室是轨道机器人或摇臂摄像机机位,那么需要镜头是全伺服控制。

5. 虚拟演播室在什么情况下需要做镜头参数校正?

(1)更换其他型号镜头时;

(2)镜头被打开维修过时;

(3)如果虚拟画面出现严重飘的现象,并且排除了跟踪定位等其他问题时,也需要重新做镜头参数校正。

6. 虚拟演播室跟踪系统需要每次使用前做初始化吗?

如果跟踪系统设备不断电的话,那么就不用在每次使用前对系统做初始化。但是如果设备,比如数据传感盒断电了,或者固定机位移动了位置,就需要重新做初始化。另外,如果出现跟踪系统跑了,定位不准了的情况,那么在重新定位之前也需要对系统做初始化。

7. 不同跟踪系统的初始化方式有哪些?

(1)固定机位使用数据传感盒 ASB−8 初始化方法:

将摄像机摇到景区背面锁住水平(Pan)和俯仰(Til)。将变焦(zoom)推到最里并聚实,然后拉到最广,插拔传感盒电源。

(2)固定机位使用昭特跟踪传感盒 TE－23VR 方法:

对跟踪传感盒进行断电,加电,用手柄将摄像机进行左右、上下移动,使摄像机经过初始化原点(两白色标记点重合),然后做一次全程的变焦、聚焦操作。

(3)摇臂机位(昭特 TK－53VR)初始化方法:

A. 重启(或打开)数据传感器盒

将摇臂传感盒、电源箱依次关闭,再依次打开。

三个传感盒关闭顺序:3－2－1,打开顺序 1－2－3。

B. 初始化臂身

俯仰(Til):将臂身上下活动,使臂身经过俯仰初始化点(0 度水平线),传感盒相应指示灯闪红。

水平(Pan):将臂身左右活动,使臂身经过水平初始化点(两白色标记点重合),传感盒相应指示灯闪红。

C. 初始化摄像机机头

俯仰(Til):用手柄将摄像机位置上下移动,使摄像机经过俯仰初始化点(两白色标记点重合),传感盒相应指示灯闪红。

水平(Pan):用手柄将摄像机位置左右移动,使摄像机经过水平初始化点(两白色标记点重合),传感盒相应指示灯闪红。

D. 初始化镜头

变焦(Zoom):做一次全程的推拉操作;

聚焦(Focus):做一次全程的聚焦操作。

E. 初始化底座

旋转底座方向转盘,使转盘通过底座初始化点(两红色箭头上下重合)。

不同跟踪系统的初始化完成后,均需要重新开启跟踪进程。

8. 虚拟渲染服务器日常使用应注意什么?

虚拟渲染服务器通常是专业的服务器或工作站设备,所以可以 7×24 小时连续开机。但在日常使用中,节目录制完成后建议将虚拟渲染进程手动关闭,这样可以大幅降低渲染机的运行负荷,延长设备使用寿命。

4.8　故障处理

1. 机械传感器跟踪系统原点漂移如何处理?

首先是定期对传感器进行初始化,机械传感器长期使用会造成原点数据误差逐日累积,累积到一定量时会使定位跟踪发生错误,定期初始化可有效解决这一问题。第二是定期除尘,可保持机械传感器运转顺畅,尤其是脚架底座的传感器很容易堆积尘土要定期进行清洁保养。

2. 网格定位无法计算出位置,无数据怎么办?

一般有两个的原因会导致此种情况发生:第一,画面露出的网格部分太少,需要保证网格在镜头中占有 2/3 面积以上。第二,斜对网格角度有误,摄像机和网格的夹角过小会导致网格数据读取错误。

3. 虚拟场景生成后,推拉无跟踪,水平摇移正常/每次机头关机、断电怎么办?

此两种情况需要从重做聚焦跟踪初始化(Range)。若重做 Range 依然无法解决问题,需要做该通道的传感器初始化。需特别指出,固定机位的初始化点要选择在固定的拍摄点,拍摄点尽量避开场景本身区域。摇臂初始化时,注意摇臂臂身的初始活动要过初始化点。

4. 如何确保实时性虚拟演播室节目制作的安全性?

虚拟渲染机和虚拟播出控制机是虚拟演播室节目制作的核心设备。如果是直播或高时效性节目,建议这两个设备采取主备配置。同时,需预先制定好分级应急预案,如跟踪出现问题时,采取定机位景别录制,虚拟系统故障时采取二维抠像方式录制,或采取提前录制节目的备播等分级应急模式。

5. 使用固定机位进行拍摄时,定位后如果发现摄像机俯仰和摇跟踪正常,但推拉时虚拟场景没有跟踪,如何处理?

此时需要做 Ranges。方法如下:打开 eTsNtGui. exe,在 Channel 中选择有问题机位,然后打开 TSCameraSwitcher. exe 中对应机位软切换至 TRACKED1,最后点击 Ranges 选项卡,重新做 Zoom 和 Focus 的数据采集。采集方法:勾中updata ranges 后,点 reset ranges 然后把 Zoom 推到最里做一次完整的 Focus,

再把 Zoom 拉到最广做一次完整的 Focus。做好后，把 updata ranges 的钩去掉。点击 Save 保存。

6. 在定位过程中若发现 Tracking 窗口里面的数值为 0，要如何处理？

首先要确认数据传感盒是否加电，其次检查摄像机是否打开，再次要检查摄像机同步信号是否接好。